대학생을 위한
기본수학

대학생을 위한
기본수학

원광대학교 수학교재편찬위원회 지음

KM 경문사

머리말

수학은 여러 자연 및 사회 현상에서 나타나는 문제를 논리적 사고를 통해 해결할 수 있도록 도와주는 학문으로 인류의 지적 활동에 꼭 필요한 분야이다. 특히 4차 산업혁명 시대의 도래에 따라 자연과학, 공학, 의학, 인문과학, 사회과학, 경영과학. 정보과학 등 학문 전 분야에서 수학의 중요성은 더욱 강조되고 있다.

고등학교 교육과정에서 습득해야 할 내용을 여러 환경 요인에 의하여 충분히 학습하지 못하고 대학에 입학하는 학생들과 고등학교 교육과정에 없지만 각 전공 분야에서 알아야 할 기본 내용이 필요한 학생들을 위해 본 교재를 집필하고자 하였다.

이 책은 여섯 개의 장으로 구성되어 있으며, 이론적이거나 추상적인 내용은 쉽게 설명하면서도 개념을 정확히 전달하고자 노력하였으며 예제를 통해 주요 개념을 이해하고 연습문제를 통해 개념 확인과 문제해결력을 함양할 수 있도록 하였다. 1장에서는 논리적 사고에 필요한 여러 가지 유형의 명제와 집합의 관계를 보면서 학습하고, 2장에서는 실수의 성질, 일차함수, 이차함수, 다항함수, 유리함수, 역함수, 합성함수의 기본 개념을 익히고, 3장에서는 각의 표현 방법 중 육십분법과 호도법을 먼저 익힌 후 삼각함수의 개념을 학습하고, 4장에서는 지수함수와 로그함수의 특성을 파악하고, 5장에서는 수열, 수열의 극한, 급수, 급수의 수렴판정법을 살펴보고, 6장에서는 행렬의 개념과 연산을 이해하고 행렬식과 역행렬을 구하는 방법에 대하여 알아본다.

마지막으로 이 책이 원만히 출판될 수 있도록 도와주신 경문사와 가독성이 높게 편집을 해주신 편집부에 깊은 감사의 말씀을 드린다.

2022년 12월
저자 일동

차 례

1

논리와 집합

1.1 명제와 집합

우리가 일상생활에서 생각하는 모임 중에는 그 대상을 명확하게 구분할 수 있는 것도 있고 구분할 수 없는 것도 있다. 예를 들면

키가 큰 남자의 모임

은 키가 어느 정도 큰 남자를 [키가 큰 남자]라고 할 것인가에 판단 기준을 명확하게 구분할 수 가 없다. 이에 비하여

자연수 1, 2, 3, 4, 5

는 모임으로서 그 대상을 명확히 구분할 수 있다. 이와 같이 그 대상을 명확하게 구분할 수 있을 때 집합을 다음과 같이 정의한다.

> **정의 1.1.1**
> 어떤 대상을 분명히 결정할 수 있는 것들의 모임을 **집합**이라 한다.

집합을 이루고 있는 대상 하나하나를 그 집합의 **원소** 또는 **원**이라고 한다.

집합과 원소의 표기법 : 집합은 보통 대문자 A, B, C, X, Y, $\cdots$ 등으로 나타내고 집합의 원소는 보통 소문자 a, b, c, x, y, $\cdots$ 등으로 나타낸다.

집합의 구체적인 표시법 : 집합을 기호를 써서 나타내는 방법으로는 원소 나열법과 조건제시법의 두 가지가 있다.

원소나열법 : 집합의 모든 원소를 { } 안에 나열하는 것이다. 예를 들면
$A=\{1, 2, 3, 4, 5, 6\}$

조건제시법 : 집합의 원소들의 성질, 즉 그 집합의 원소인지 아닌지를 구별할 수 있는 성질들을 서술하는 것이다. 조건 $p(x)$에 알맞은 x의 집합을 A라 하면 집합 $A=\{x \mid p(x)\}$이다. 예를 들면 $A=\{x \mid x \text{ 는 짝수이다}\}$

예제 1.1.2

다음이 집합인지 아닌지 결정하시오.

(1) 방정식 $x^2-2x-3=0$의 해

(2) 착한 학생의 모임

(3) 한국 남자의 모임

(4) 미남과 미인의 모임

풀이 (1), (3)은 집합이고 (2), (4)는 집합이 아니다.

다음으로 명제의 정의에 대하여 생각한다.

예를 들면 '2는 4의 약수이다'는 참인 문장이고, '3은 4의 약수이다'는 거짓인 문장이지만 '7은 가장 중요한 자연수이다'는 참인지 거짓인지 판별할 수 없는 문장이다. 이와 같이 문장이나 식 중에는 참인지 거짓인지를 판별할 수 있는 것과 그렇지 않은 것이 있다. 따라서 명제는 다음과 같이 정의한다.

> **정의 1.1.3**
> 참인지 거짓인지를 판별할 수 있는 문장이나 식을 **명제**라 한다.

명제의 참과 거짓을 그 명제의 진릿값이라 하고, 참을 T로 거짓을 F로 표시한다.

예제 1.1.4

다음이 명제인지를 판별하고 명제이면 진릿값을 구하시오.

(1) $1+2=4$

(2) $x+1=3$

(3) $3<4$

(4) 하늘은 청명하다

풀이

(1) $1+2=4$은 거짓인 명제이다.

(2) $x+1=3$는 x에 값을 대입하기 전에는 참, 거짓을 알 수 없기 때문에 명제가 아니다.

(3) $3<4$는 참인 명제이다.

(4) '하늘은 청명하다'는 명제가 아니다.

집합이나 원소에 대하여 이론을 전개할 때는 일반적으로 고정된 집합의 원소로 한정한다. 이때의 집합을 **전체집합**이라고 한다. 정수 전체의 집합, 유리수 전체의 집합, 또는 실수 전체의 집합 등이 전체집합일 수 있다.

벤 다이어그램은 집합을 그림으로 나타내는 방법이다. 그림 1.1에서와 같이 벤 다이어그램에서는 전체집합을 직사각형으로 나타내고 다른 집합을 직사각형 안의 원으로 나타낸다. 벤 다이어그램을 사용하면 집합의 관계를 쉽게 파악할 수 있다.

전체집합 $U=\{1,2,3,4,5\}$와 집합 $A=\{2,3\}$를 그림 1.1과 같이 벤 다이어그램으로 나타낼 수 있다.

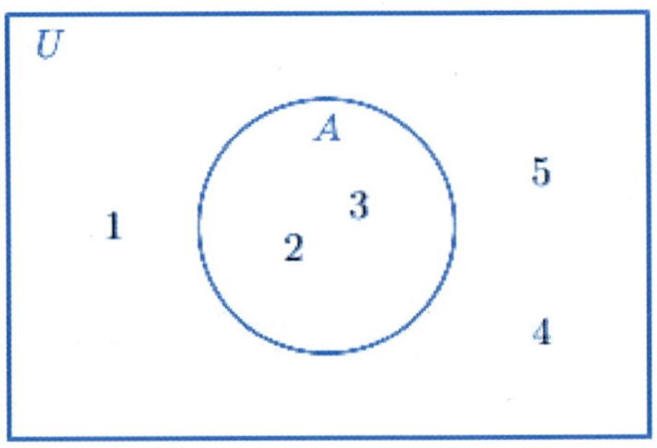

그림 1.1 벤 다이어그램

정의 1.1.5 (집합에서 변수에 대한 조건)
집합 A와 변수 x를 포함하는 문장이나 식 $p(x)$에 대하여, 변수 x에 집합 A의 임의의 원소 a가 대입될 때, $p(x)$가 항상 명제이면 $p(x)$는 A에 대한 **조건**이라고 한다.

$p(x)$가 집합 A에서 x에 대한 조건일 때, 집합 A의 원소 a에 대하여 $p(a)$는 명제이다. 이때 $p(a)$는 참일 수도 있고 거짓일 수도 있다.

예제 1.1.6

집합 $A=\{1,2,3\}$에 대하여 다음이 집합 A에서 x에 대한 조건인지 아닌지 판별하시오.

(1) $1+x$ (2) $x<3$

(3) $2+x=4$ (4) x^2+1

풀이

(1) 집합 A의 원소 1에 대하여 $1+1$은 명제가 아니므로 $1+x$는 집합 A에서 x에 대한 조건이 아니다.

(2) $x<3$에서 x 대신에 A의 원소 1, 2, 3을 각각 대입하면 $x<3$은 각각

$$1<3, \qquad 2<3, \qquad 3<3$$

이고 이들은 각각 참, 참, 거짓인 명제이다. 따라서 $x<3$은 집합 A에서 x에 대한 조건이다.

(3) $2+x=4$에서 x 대신에 A의 원소 1, 2, 3을 각각 대입하면 $2+x=4$은 각각

$$2+1=4, \ \ 2+2=4, \ \ 2+3=4$$

이고 이들은 각각 거짓, 참, 거짓인 명제이다. 따라서 $2+x=4$는 집합 A에서 x에 대한 조건이다.

(4) 집합 A의 원소 1에 대하여 1^2+1은 명제가 아니므로 x^2+1은 집합 A에서 x에 대한 조건이 아니다.

조건을 사용하여 전칭명제와 존재명제를 만들 수 있다. 전칭명제와 존재명제를 한정명제라고 한다. 조건 $p(x)$에 대한 전칭명제는 다음과 같이 정의한다.

정의 1.1.7 (전칭명제)

집합 A에서 x에 대한 조건 $p(x)$에 대하여. '명제 모든 $x\in A$에 대해서 $p(x)$가 참이다'는 **전칭명제**라고 하고

$$\forall x\in A,\ p(x)$$

로 나타낸다. 모든 원소 $x\in A$에 대하여 $p(x)$가 항상 참이면 전칭명제 '$\forall x\in A,\ p(x)$'는 참이고 그렇지 않으면 '$\forall x\in A,\ p(x)$'는 거짓이다.

즉 $p(x)$가 거짓인 원소가 집합 A에 하나라도 존재하면 전칭명제 '$\forall x\in A,\ p(x)$'는 거짓이다.

예제 1.1.8

집합 $A=\{1,2,3\}$에 대하여 다음 명제의 진릿값을 판별하시오.

(1) $\forall x \in A, 0 < x$　　(2) $\forall x \in A, 1 < x$

풀이

(1) $0 < x$에 모든 A의 원소를 대입하면 $0<1$, $0<2$, $0<3$이 되므로 모두 참이다. 따라서 '$\forall x \in A, 0 < x$'는 참이다.

(2) $1 < x$에 모든 A의 원소를 대입하면 $1<1$, $1<2$, $1<3$이 되고 $1<1$는 거짓이므로 전칭명제 '$\forall x \in A, 0 < x$'는 거짓이다.

조건 $p(x)$에 대한 존재명제는 다음과 같이 정의한다.

> **정의 1.1.9 (존재명제)**
> 집합 A에서 x에 대한 조건 $p(x)$에 대하여. '명제 $x \in A$가 참인 원소 x가 A에 존재한다'는 존재명제라고 하고
> $$\exists x \in A,\ p(x)$$
> 로 나타낸다. $p(x)$가 참인 원소 x가 A에 하나라도 존재하면 존재명제 '$\exists x \in A,\ p(x)$'는 참이고 그렇지 않으면 $\exists x \in A,\ p(x)$는 거짓이다.

즉 모든 $x \in A$에 대해서 $p(x)$가 거짓이면 존재명제 '$\exists x \in A,\ p(x)$'는 거짓이다.

예제 1.1.10

집합 $A=\{1,2,3\}$에 대하여 다음 명제의 진릿값을 판별하시오.

(1) $\exists x \in A,\ 2 < x$　　(2) $\exists x \in A,\ 3 < x$

풀이

(1) 명제 $2<3$가 참이므로, 존재명제 '$\exists x \in A,\ 2 < x$'는 참이다.

(2) 명제 $3<1$, $3<2$, $3<3$가 모두 거짓이므로, 존재명제 '$\exists x \in A,\ 3 < x$'는 거짓이다.

예제 1.1.11

실수 전체의 집합 R에 대하여, 다음 명제의 진릿값을 판별하시오.

(1) $\forall x \in \mathbb{R}, (\exists y \in \mathbb{R}, y > x)$ (2) $\exists y \in \mathbb{R}, (\forall x \in \mathbb{R}, y > x)$

풀이

(1) 임의의 실수 x에 대하여, $y = x + 1$로 놓으면 $y > x$이다. 따라서 명제 '$\forall x \in \mathbb{R}, (\exists y \in \mathbb{R}, y > x)$'는 참이다.

(2) 임의의 실수 x에 대하여, $x = y + 1$로 놓으면 $x > y$이다. 따라서 모든 실수 x보다 큰 실수 y는 존재하지 않으므로 명제 '$\exists y \in \mathbb{R}, (\forall x \in \mathbb{R}, y > x)$'는 거짓이다.

명제 '$\forall x \in \mathbb{R}, (\exists y \in \mathbb{R}, y > x)$'는 참이고 명제 '$\exists y \in \mathbb{R}, (\forall x \in \mathbb{R}, y > x)$'는 거짓이다. 따라서 명제 '$\forall x \in \mathbb{R}, (\exists y \in \mathbb{R}, y > x)$'에서와 같이 모든($\forall$)과 어떤($\exists$)이 연속하여 나와 있는 명제에서 이들의 순서를 함부로 바꾸면 안 된다.

연습문제 1.1

1. 다음 식이 명제인지 아닌지 판별하시오.

(1) $1 + 2 = 4$ (2) $2 < 4$

(3) $2 < x$ (4) $3 + 4$

(5) $2 + x = 3$ (6) $\{2, 3, 4, 5\}$

2. 정수 전체의 집합 Z에 대하여, 다음 명제의 진릿값을 구하시오.

(1) $\forall n \in \mathbb{Z},\ 0 < n^2$ (2) $\forall n \in \mathbb{Z},\ (\exists m \in \mathbb{Z},\ n < m < n^2)$

(3) $\exists n \in \mathbb{Z},\ n^2 = 0$ (4) $\exists n \in \mathbb{Z},\ (\forall m \in \mathbb{Z},\ n < m < n^2)$

1.2 합성명제와 집합의 연산

명제의 부정과 여집합

명제 p의 부정에 대하여 알아보고, 여집합을 정의하자. 명제 p에 대하여, p의 부정을 다음과 같이 정의한다.

> **정의 1.2.1 (명제의 부정)**
> 명제 p에 대하여, 명제 'p는 참이 아니다'를 p의 **부정**이라고 하고, $\sim p$로 나타내며 'p가 아니다'라고 읽는다.

명제 $\sim p$의 진릿값은 표 1.1과 같다.

p	$\sim p$
T	**F**
F	**T**

표1.1 명제의 부정에 대한 진리표

명제 p의 부정 $\sim p$가 명제인 것과 같이, 집합 A에서의 조건 $p(x)$의 부정 $\sim p(x)$는 집합 A에서의 조건이다.

전칭명제나 존재명제의 부정에 대하여 생각해 보자. 전칭명제 '$\forall x \in A$, $p(x)$'의 부정의 진릿값은 존재명제 '$\exists x \in A, \sim p(x)$'의 진릿값과 같다. 왜냐하면 '$\forall x \in A$, $p(x)$'이 참이면 '$\exists x \in A, \sim p(x)$'은 거짓이고, '$\forall x \in A$, $p(x)$'이 거짓이면 '$\exists x \in A$, $\sim p(x)$'은 참이기 때문이다. 같은 이유로 존재명제 '$\exists x \in A$, $p(x)$'의 부정의 진릿값은 전칭명제 '$\forall x \in A$, $\sim p(x)$'의 진릿값과 같다.

예제 1.2.2

실수 전체의 집합 R에 대하여, 전칭명제 '$\forall x \in A$, $x^2 \geq 0$'는 참이다. 이 명제의 부정을 판별하시오.

풀이

이 명제의 부정 '~($\forall x \in \mathbb{R}$, $x^2 \geq 0$)'의 진릿값은 존재명제 '$\exists y \in \mathbb{R}$, $x^2 < 0$'의 진릿값과 같고 그 진릿값은 거짓이다.

명제의 부정을 이용하여 여집합을 정의한다.

정의 1.2.3 (집합의 여집합)

집합 $A = \{x \in U \mid p(x)\}$에 대하여, 집합 $\{x \in U \mid \sim p(x)\}$를 A의 **여집합**이라고 하고 A^c로 나타낸다.

여집합 A^c를 벤 다이어그램 나타내면, 아래 그림 1.2와 같다.

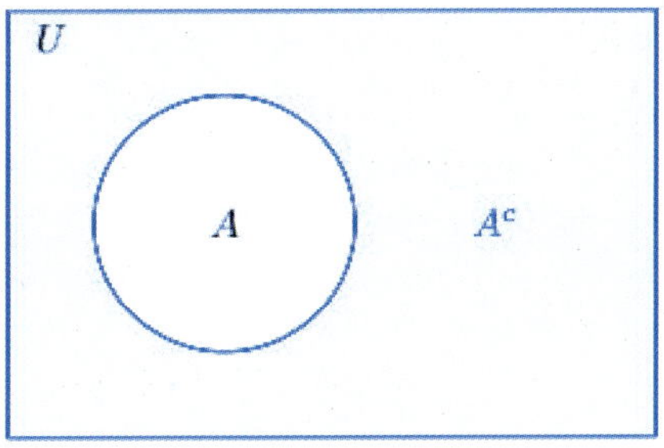

그림 1.2 여집합

예제 1.2.4

전체집합 $U = \{1, 2, 3, 4, 5\}$와 집합 $A = \{1, 3, 5\}$에 대하여, 집합 A의 여집합을 구하시오.

풀이

$A^c = \{2, 4\}$

논리합과 논리곱

논리합을 다음과 같이 정의한다.

정의 1.2.5 (논리의 논리합)
명제 p와 q에 대하여, 새로운 명제 'p는 참이거나 q는 참이다'를 p와 q의 **논리합**이라고 하고 $p \vee q$로 나타내며 'p 또는 q'라고 읽는다.

논리합 $p \vee q$의 진릿값은 표 1.2와 같다.

p	q	$p \vee q$
T	T	**T**
T	F	**T**
F	T	**T**
F	F	**F**

표1.2 논리합에 대한 진리표

일상생활에서 '또는'이란 연결사를

'영희는 커피를 마시거나 또는 녹차를 마신다.'

와 같이 사용한 경우에 영희는 커피를 마시가나 또는 영희가 녹차를 마심을 나타내지만, 보통 커피를 마시고 그리고 동시에 녹차를 마시는 경우를 나타내지는 않는다. 그러나 수학에서 쓰이는 '또는'에는 이 연결사 앞과 뒤의 모든 경우가 동시에 일어나는 경우도 포함한다. 그러므로 p와 q가 동시에 참일 경우에도 명제 $p \vee q$는 참이다.

논리합을 이용하여 다음의 합집합을 정의한다.

정의 1.2.6 (집합의 합집합)
집합 $A=\{x \in U \mid p(x)\}$와 $B=\{x \in U \mid q(x)\}$에 대하여,
집합 $A \cup B=\{x \in U \mid p(x) \vee q(x)\}$를 A와 B의 **합집합**이라 하고 기호로 $A \cup B$로 나타낸다.

$A \cup B$를 벤 다이어그램으로 나타내면 그림 1.3과 같다.

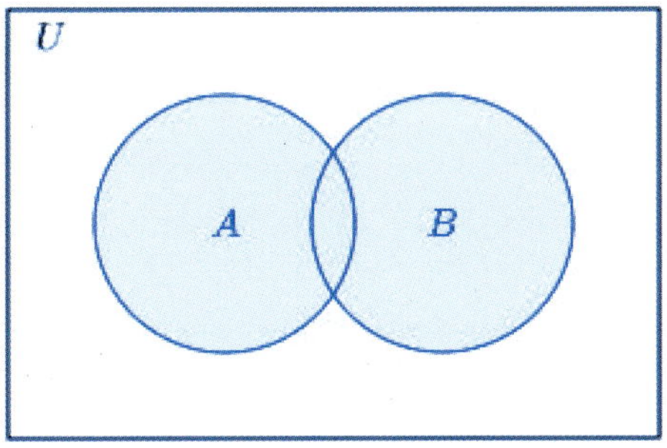

그림 1.3 합집합

논리곱과 교집합

논리곱을 다음과 같이 정의한다.

> **정의 1.2.7 (논리의 논리곱)**
> 명제 p와 q에 대하여, 명제 'p가 참이고 q가 참이다'를 p와 q의 **논리곱**이라고 하고 $p \wedge q$로 나타내며 'p 그리고 q'라고 읽는다.

논리곱 $p \wedge q$의 진릿값은 표 1.3과 같다.

p	q	$p \wedge q$
T	T	**T**
T	F	**F**
F	T	**F**
F	F	**F**

표1.3 논리곱에 대한 진리표

논리곱을 이용하여 교집합을 정의할 수 있다.

> **정의 1.2.8 (집합의 교집합)**
> 집합 $A = \{ x \in U \mid p(x) \}$와 $B = \{ x \in U \mid q(x) \}$에 대하여, 집합 $A \cap B = \{ x \in U \mid p(x) \vee q(x) \}$를 A와 B의 **교집합**이라 하고 기호로 $A \cap B$로 나타낸다.

교집합 $A \cap B$를 벤 다이어그램으로 그림 1.4와 같이 나타낸다.

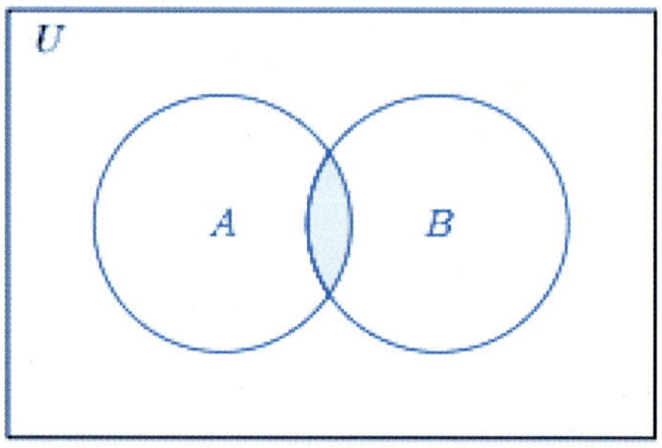

그림 1.4 교집합

예제 1.2.9

전체집합 $U=\{1,2,3,4\}$에서 $A=\{1,2\}$이고 $B=\{2,3\}$일 때, 다음을 구하시오.

(1) $A \cup B$ (2) $A \cap B$

(3) A^c (4) B^c

풀이

(1) $A \cup B=\{1,2,3\}$ (2) $A \cap B=\{2\}$

(3) $A^c=\{3,4\}$ (4) $B^c=\{1,4\}$

예제 1.2.10

전체집합이 모든 실수 집합 ℝ일 때, 집합

$$A=\{x \in \mathbb{R} \mid -3 < x \leq 4\},\ B=\{x \in \mathbb{R} \mid 0 \leq x < 6\}$$

에 대하여 $A \cup B$와 $A \cap B$를 구하시오.

풀이

$A \cup B=\{x \in \mathbb{R} \mid -3 < x < 6\}$

$A \cap B=\{x \in \mathbb{R} \mid 0 \leq x \leq 4\}$

집합 A와 B에 대하여 $A \cap B=\varnothing$이면 A와 B는 **서로소**라고 한다.

연습문제 1.2

1. 다음 논리식의 진리표를 구하시오.

(1) $(\sim p) \vee q$ (2) $p \wedge (\sim q)$

(3) $\sim (p \wedge q)$ (4) $(\sim p) \vee (\sim q)$

2. 전체집합 $U = \{1, 2, 3, 4, 5, 6, 7, 8, 9, 10\}$의 부분집합 $A = \{1, 5, 9\}$, $B = \{3, 5, 7, 9\}$, $C = \{2, 4, 6, 8\}$에 대하여, 다음 집합을 구하시오.

(1) $A \cup B$ (2) $A \cap B$

(3) $A \cap C^c$ (4) $(B \cup C)^c$

3. 전체집합 $U = \{x \mid x$는 20 미만의 자연수$\}$와 부분집합 $A = \{x \in U \mid x$는 3의 배수$\}$, $B = \{x \in U \mid x$는 5의 배수$\}$, $C = \{x \in U \mid x$는 소수$\}$에 대하여, 다음 집합을 구하시오.

(1) B^c (2) $A \cup B$

(3) $B \cap C$ (4) $(B \cup C)^c$

1.3 조건명제와 부분집합

명제의 조건문을 다음과 같이 정의한다.

정의 1.3.1 (조건문)
명제 p와 q에 대하여, 명제 $(\sim p)\vee q$를 p와 q의 **조건문**이라고 하고 $p\rightarrow q$로 나타내며 'p이면 q이다'라고 읽는다.

조건문 $p\rightarrow q$의 진릿값은 표 1.4와 같다. 따라서 조건문 $p\rightarrow q$와 명제 $\sim p\vee q$의 진릿값이 다음 표에서 같음을 알 수 있다.

p	q	$p\rightarrow q$	$\sim p$	$\sim p\vee q$
T	T	**T**	F	**T**
T	F	**F**	F	**F**
F	T	**T**	T	**T**
F	F	**T**	T	**T**

표 1.4

정의 1.3.2 (조건문의 역, 이, 대우)
조건문 $p\rightarrow q$에 대하여, 조건문 $q\rightarrow p$를 $p\rightarrow q$의 **역**이라 하고, $(\sim p)\rightarrow(\sim q)$를 $p\rightarrow q$의 **이**라 하고, $(\sim q)\rightarrow(\sim p)$를 $p\rightarrow q$의 **대우**라고 한다.

명제 $p\rightarrow q$에 대하여

$q\rightarrow p$를 **역(converse)**

$\sim p\rightarrow\sim q$를 **이(inverse)**

$\sim q\rightarrow\sim p$를 **대우(contrapositive)**

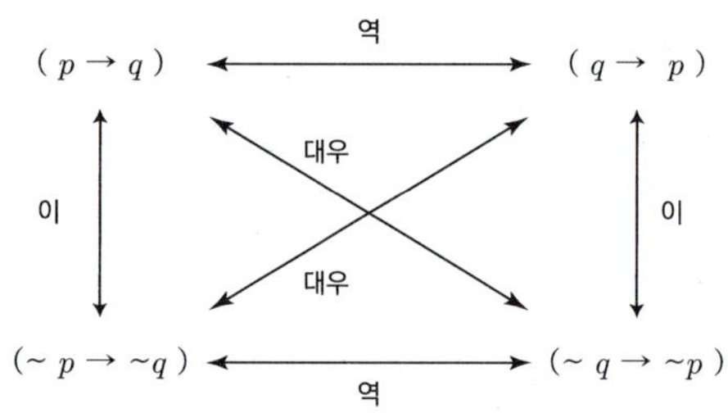

명제의 역, 이, 대우의 상호관계

역, 이, 대우 간의 관계에 대한 진리표

				(명제)	(역)	(이)	(대 우)
p	q	$\sim p$	$\sim q$	$p \to q$	$q \to p$	$\sim p \to \sim q$	$\sim q \to \sim p$
T	T	F	F	T	T	T	T
T	F	F	T	F	T	T	F
F	T	T	F	T	F	F	T
F	F	T	T	T	T	T	T

같은 값 (역, 이)
같은 값 (명제, 대우)

표 1.5

조건문 $p \to q$와 대우 $(\sim q) \to (\sim p)$의 진리표는 표 1.5와 같다. 따라서 조건문 $p \to q$의 진릿값은 대우 $(\sim q) \to (\sim p)$의 진릿값과 같다.

명제 p와 q에 대하여, 합성명제 $(p \to q) \wedge (q \to p)$를 간단히 $p \leftrightarrow q$로 나타낸다.

차집합과 부분집합

정의 1.3.3 (차집합)
집합 $A = \{\, x \in U \mid p(x) \}$와 $B = \{\, x \in U \mid q(x) \}$에 대하여,
집합 $A - B = \{ x \in U \mid p(x) \wedge (\sim q(x)) \}$
를 집합 A와 B의 **차집합**이라 하고 기호로 $A - B$로 나타낸다.

차집합 $A - B$를 벤 다이어그램으로 나타내면 그림 1.5와 같다.

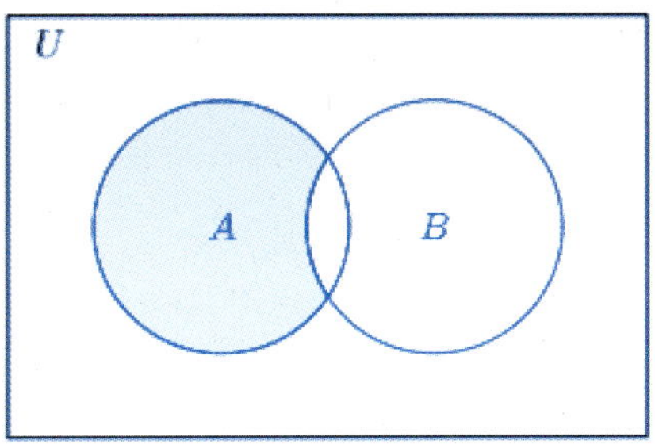

그림 1.5 차집합

집합의 부분집합을 다음과 같이 정의한다.

정의 1.3.4 (부분집합)
집합 A와 B에 대하여, $A-B=\varnothing$이면 A는 B의 **부분집합**이라 하고 기호로 $A\subset B$로 나타낸다.

보통 A의 모든 원소가 B에 속할 때, A는 B의 부분집합이라고 정의한다.

정의 1.3.5 (부분집합과 조건문)
집합 $A=\{x\in U \mid p(x)\}$와 $B=\{x\in U \mid q(x)\}$에 대하여,
$\forall x\in U,\ p(x)\rightarrow q(x)$은 $A\subset B$이기 위한 필요충분조건이다.

집합의 같음과 진부분집합을 다음과 같이 정의한다.

정의 1.3.6 (집합의 같음과 진부분집합)
집합 A와 B에 대하여, $(A\subset B)\wedge(B\subset A)$이면 집합 A는 B와 **같다**라고 하며 기호로 $A=B$로 나타낸다. $A\subset B$이면서 $A\neq B$이면 A는 B의 **진부분집합**이라고 하고 기호로 $A\subsetneq B$로 나타낸다.

예제 1.3.7

자연수 전체 집합 N에 대하여, $A=\{1,2,3\}$, $B=\{\mathrm{n}\in\mathbb{N} \mid \mathrm{n}<4\}$,
$C=\mathrm{n}\in\mathbb{N} \mid n$은 12의 약수$\}$일 때, 집합 A, B, C의 관계를 구하시오.

풀이

집합 B와 C를 원소나열법으로 나타내면

$$B=\{1,2,3\},\quad C=\{1,2,3,4,6,12\}$$

이므로 $A=B$, $A\subsetneq C$, $B\subsetneq C$이다.

필요조건과 충분조건

정의 1.3.8 (충분조건과 필요조건)
집합 U에서의 조건 $p(x)$와 $q(x)$에 대하여, $\forall x \in U,\ p \to q$이면 $p(x)$는 $q(x)$이기 위한 **충분조건**이라 하고 $q(x)$는 $p(x)$이기 위한 **필요조건**이라 한다.

정의 1.3.9 (필요충분조건)
집합 U에서x에 대한 조건 $p(x)$와 $q(x)$에 대하여, $\forall x \in U,\ p \leftrightarrow q$이면 $p(x)$는 $q(x)$이기 위한 **필요충분조건**이라고 한다.

쌍조건문 $p \leftrightarrow q$와 $(p \to q) \wedge (q \to p)$의 진릿값은 아래 표1.6과 같이 같음을 알 수 있다.

합성명제 $(p \to q) \wedge (q \to p) \equiv p \leftrightarrow q$

p	q	$p \leftrightarrow q$	$p \to q$	$q \to p$	$(p \to q) \wedge (q \to p)$
T	T	**T**	T	T	**T**
T	F	**F**	F	T	**F**
F	T	**F**	T	F	**F**
F	F	**T**	T	T	**T**

표1.6

예제 1.3.10

자연수 전체 집합 N에서 조건 $x > 10$, $x > 5$, $x \geq 6$의 관계를 구하시오.

풀이

조건 $x > 10$와 $x > 5$에 대하여 $\forall n \in \mathrm{N},\ x > 10 \to x > 5$이므로 $x > 10$은 $x > 5$이기 위한 충분조건이며 $x > 5$는 $x > 10$이기 위한 필요조건이다.

그리고 $\forall n \in \mathrm{N},\ x \geq 6 \leftrightarrow x > 5$이므로 $x \geq 6$은 $x > 5$이기 위한 필요충분조건이다.

연습문제 1.3

1. 집합 $A=\{1,2\}$, $B=\{2,3,4\}$, $C=\{2,4,5\}$에 대하여, 다음의 식이 명제인지를 판별하고 명제인 경우 진릿값을 구하시오.

(1) $A \subset C$ (2) $A \cup B$

(3) $(A \cap B) \subset (B \cap C)$ (4) $(A \cup B) \subset (B \cup C)$

2. 집합 $A=\{1,2,3,4,5,6\}$에 대하여, 원소 1, 2, 3을 포함하는 A의 부분집합을 모두 구하시오.

3. 실수 전체 집합 R에서 k는 상수일 때, 조건 $x=y$는 $kx=ky$이기 위한 어떤 조건인가?

4. 자연수 전체 집합 N에서 x가 15의 약수인 것은 x가 5의 약수이기 위한 어떤 조건인가?

2

실수와 함수

2.1 실수의 기본 성질

실수

실수는 25, 0, -4, $\frac{1}{3}$, 0.125, $\sqrt{2}$, π, e , $\sqrt[3]{-3}$, 0.777, …과 같은 기호로 표시된다. 자연수(natural number)들의 집합은 $\{1, 2, 3, 4, \cdots\}$이고 기호 $\mathbb{N}$으로 나타낸다. 정수(integer)들의 집합은 $\{\cdots, -3, -2, -1, 0, 1, 2, 3, \cdots\}$이고 기호로 $\mathbb{Z}$로 나타낸다. 유리수(rational number)는 두 정수 a, b의 몫 $\frac{a}{b}(b \neq 0)$로 표시될 수 있는 수를 말하고 모든 유리수들의 집합을 $\mathbb{Q}$로 나타낸다. 유리수의 예는 $\frac{2}{3}$, $\frac{6}{5}$, $\frac{0}{2}$, $-\frac{3}{4}$ 등이 있다. 모든 정수 $a = \frac{a}{1}$ 이므로 역시 유리수다. 유리수가 아닌 실수를 무리수(irrational number)라 하고 기호 $\mathbb{Q}^c$으로 쓴다. 무리수의 예는 $\sqrt{2}$, π, e 이다. 실수는 유리수와 무리수들의 집합이다. 즉, 수직선 상에 나타낼 수 있는 모든 수들의 집합을 의미하며, 기호 $\mathbb{R}$로 나타낸다.

절댓값

실수 a의 절댓값은 0에서 a까지의 거리를 의미하며, $|a|$로 나타낸다. 예를 들어 -4는 0에서의 거리가 4이고, 4은 0에서의 거리가 4이다. 그러므로 -4와 4의 절댓값은 같다.

정의 2.1.1

임의의 실수 a에 대하여 a의 **절댓값**은 기호 $|a|$로 나타내고 다음과 같이 정의한다.

$$|a| = \begin{cases} a, & a \geq 0 \\ -a, & a < 0 \end{cases}$$

주의 절댓값은 거리를 나타내고, 거리는 항상 양수이거나 0이다.

예제 2.1.2

다음 절댓값을 구하시오.

(1) $|25|$ (2) $|0|$ (3) $|-9|$

(4) $-|-3|$ (5) $-|11|$ (6) $-2|+|7|$

풀이

(1) $|25|=25$ (2) $|0|=0$

(3) $|-9|=9$ (4) $-|-3|=-(3)=-3$

(5) $-|11|=-(11)=-11$ (6) $|-2|+|7|=2+7=9$

예제 2.1.3

$x=-5$, $y=2$일 때, $|x+y|$를 구하시오.

풀이

$x+y=-5+2=-3$이므로 $|x+y|=|-3|=3$이다.

여기에서는 실수의 덧셈, 뺄셈, 곱셈, 나눗셈 규칙에 대해서 알아본다. 실수의 연산은 덧셈, 뺄셈, 곱셈, 나눗셈을 기본 연산이라는 뜻으로 사칙연산이라 한다. 다음에서 각각의 규칙을 살펴보자.

실수의 덧셈

부호가 같은 두 수의 덧셈은 두 수의 절댓값의 합에 공통 부호를 붙인 것과 같다. 부호가 다른 두 수의 덧셈은 두 수의 절댓값의 차에 절댓값이 큰 수의 부호를 붙인 것과 같다.

예제 2.1.4

다음 각각의 합을 구하시오.

(1) $\frac{2}{5}+\frac{1}{3}$ (2) $-1.5+(-0.5)$

(3) $-12+9$ (4) $6+(-1)$

풀이

(1) $\frac{2}{5}=\frac{2\cdot 3}{5\cdot 3}=\frac{6}{15},\ \frac{1}{3}=\frac{1\cdot 5}{3\cdot 5}=\frac{5}{15}$

이므로

$$\frac{2}{5}+\frac{1}{3}=\frac{6}{15}+\frac{5}{15}=\frac{11}{15}$$

(2) 먼저 각각의 절댓값을 구하면

$$|-1.5|=1.5,\ |-0.5|=0.5$$

그러면 1.5와 0.5를 더하고 부호는 $-$를 붙인다. 즉,

$$-1.5+(-0.5)=-(|-1.5|+|0.5|)=-2.$$

(3) $-12+9$

$$|-12|=12,\ |9|=9$$

이고, 절댓값이 큰 수 12에서 절대값이 작은 수 9를 뺀다.

$$12-9=3$$

-12의 절댓값이 9의 절댓값보다 크므로 부호는 $-$ 이다. 즉,

$$-12+9=-3$$

(4) $6+(-1)=6-1=5$ $(\because |6|>|-1|$ 이므로 양수)

실수의 뺄셈

두 수의 뺄셈은 빼는 수의 부호를 바꿔 더한다. 즉, 모든 실수 a와 b에 대하여 $a-b=a+(-b)$이다.

예제 2.1.5

다음 각각의 차를 구하시오.

(1) $5-9$ (2) $-3-15$ (3) $-2-(-11)$

(4) $-3.7-(-6.4)$ (5) $\frac{11}{3}-\left(-\frac{2}{3}\right)$

풀이

(1) $5-9=5+(-9)=-4$

(2) $-3-15=-3+(-15)=-18$

(3) $-2-(-11)=-2+[-(-11)]=-2+11=9$

(4) $-3.7-(-6.4)=-3.7+6.4=2.7$

(5) $\frac{11}{3}-\left(-\frac{2}{3}\right)=\frac{11}{3}+\frac{2}{3}=\frac{13}{3}$

실수의 곱셈

부호가 같은 두 수의 곱셈은 두 수의 절댓값의 곱에 양의 부호를 붙이고 부호가 다른 두 수의 곱셈은 두 수의 절댓값의 곱에 음의 부호를 붙인다. 또한 어떤 실수와 0의 곱셈은 항상 0이 된다.

예제 2.1.6

다음 각각의 곱을 구하시오.

(1) $2\cdot 8$　　(2) $-0.5(-0.2)$　　(3) $-\frac{3}{5}\left(-\frac{8}{3}\right)$

(4) $12(-7)$　　(5) $-\frac{5}{6}\left(\frac{9}{13}\right)$　　(6) $\frac{4}{7}(-7)$

풀이

(1) $2\cdot 8=16$　　(2) $-0.5(-0.2)=0.1$

(3) $-\frac{3}{5}\left(-\frac{8}{3}\right)=\frac{8}{5}$　　(4) $12(-7)=-84$

(5) $-\frac{5}{6}\left(\frac{9}{13}\right)=-\frac{15}{26}$　　(6) $\frac{4}{7}(-7)=-4$

실수의 나눗셈

두 수의 나눗셈은 나누는 수를 역수로 바꾸어 곱한다. 즉, 모든 실수 a와 $b(b\neq 0)$에 대하여,

$$a \div b = \frac{a}{b} = a \cdot \frac{1}{b} \text{ 이다.}$$

부호는 곱셈과 마찬가지로 부호가 같은 두 수의 나눗셈은 양의 부호를 붙이고, 부호가 다른 두 수의 나눗셈은 음의 부호를 붙인다.

예제 2.1.7

다음 각각의 몫을 구하시오.

(1) $\frac{-15}{3}$ (2) $\frac{8}{-4}$ (3) $\frac{-\frac{2}{5}}{-\frac{7}{5}}$

풀이

(1) $\frac{-15}{3} = -15 \cdot \frac{1}{3} = -5$

(2) $\frac{8}{-4} = 8 \cdot (-\frac{1}{4}) = -2$

(3) $\frac{-\frac{2}{5}}{-\frac{7}{5}} = -\frac{2}{5} \cdot (-\frac{5}{7}) = \frac{2}{7}$

주의 분수 $\frac{-a}{b}$, $\frac{a}{-b}$, $-\frac{a}{b}$ $(b \neq 0)$는 모두 같다. 또한 $\frac{a}{b}$와 $\frac{-a}{-b}$는 같다.

실수의 덧셈과 곱셈의 성질

실수 전체의 집합 $\mathbb{R}$은 덧셈과 곱셈에 대하여 다음의 성질을 만족시킨다.

(1) 임의의 실수 a, b에 대하여,

$a + b \in \mathbb{R}$. (덧셈에 대하여 닫혀있다)

$ab \in \mathbb{R}$ (곱셈에 대하여 닫혀있다)

(2) 임의의 실수 a, b, c에 대하여,

$(a+b)+c = a+(b+c)$ (덧셈에 대한 결합법칙)

$(ab)c = a(bc)$ (곱셈에 대한 결합법칙)

(3) 임의의 실수 a, b에 대하여,

$a+b=b+a$ (덧셈에 대한 교환법칙)

$ab=ba$ (곱셈에 대한 교환법칙)

(4) 임의의 실수 a에 대하여,

$a+0=0+a=a$ (덧셈에 대한 항등원)

$a\cdot 1=1\cdot a=a$ (곱셈에 대한 항등원)

(5) 각각의 실수 a에 대하여,

$a+b=b+a=0$인 실수 b가 유일하게 존재한다. (덧셈에 대한 역원)

각각의 0이 아닌 실수 a에 대하여,

$ab=ba=1$인 실수 b가 유일하게 존재한다. (곱셈에 대한 역원)

(6) 임의의 실수 a, b, c에 대하여,

$a(b+c)=ab+ac$, $(a+b)c=ac+bc$. (분배법칙)

예제 2.1.8

실수의 성질을 이용하여 다음을 간단히 하시오.

(1) $2x-6x-3x+13x$　　(2) $-(2x-5y)$

(3) $9x+1-7(x+2)+3$　　(4) $-2x(3)y$

풀이

(1) $2x-6x-3x+13x=(2-6-3+13)x$ 분배법칙

$=6x$ 동류항 계산

(2) $-(2x-5y)=-1(2x-5y)$ 곱셈에 대한 항등원

$=-1(2x)+(-1)(-5y)$ 분배법칙

$=-2x+5y$ 곱하기

(3) $9x+1-7(x+2)+3=9x+1-7x\ -14+3$ 분배법칙

$=9x-7x+1-14+3$ 교환법칙

$=2x-10$ 동류항 계산

(4) $-2x(3)y=[-2x(3)]y$ 계산순서

$=[-2(x\cdot 3)]y$ 결합법칙

$$= [-2(3 \cdot x)]y \qquad \text{교환법칙}$$
$$= [(-2 \cdot 3)x]y \qquad \text{결합법칙}$$
$$= (-6x)y \qquad \text{곱하기}$$
$$= -6(xy) \qquad \text{결합법칙}$$
$$= -6xy$$

부등식

여기에서는 실수의 순서관계에 대해 정의하고 그 성질에 대해 살펴보겠다. 수직선에 놓인 임의의 두 실수 a와 b에 대하여, a가 b의 왼쪽에 있거나, a와 b가 같은 위치에 있거나 a가 b의 오른쪽에 있을 수 있다.

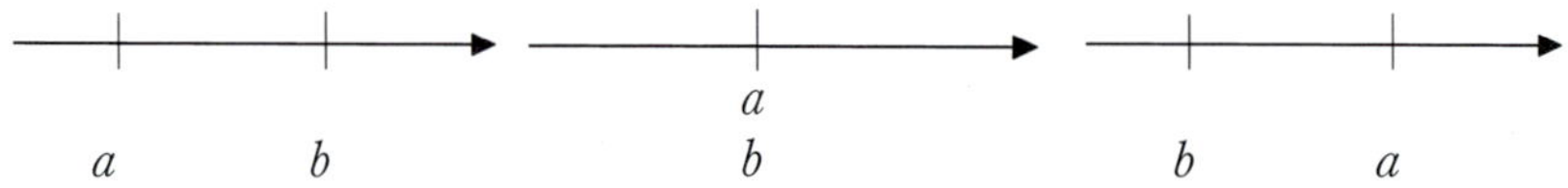

(1) $a < b$ (2) $a = b$ (3) $a > b$

정의 2.1.9 (실수의 대소관계)
임의의 두 실수 a, b에 대하여,
(1) a가 b의 왼쪽에 있으면, "a는 b보다 **작다**"고 말하고, $a < b$로 나타낸다.
(2) a와 b와 같은 위치에 있으면, "a와 b는 **같다**"고 말하고, $a = b$로 나타낸다.
(3) a가 b의 오른쪽에 있으면, "a는 b보다 **크다**"고 말하고, $a > b$로 나타낸다.
(4) a가 b보다 작거나 같으면, $a \leq b$로 나타낸다.
(5) a가 b보다 크거나 같으면, $a \geq b$로 나타낸다.

실수의 순서는 다음 성질들을 만족한다.

임의의 실수 a, b, c에 대하여,
(1) $a < b$이고 $b < c$이면 $a < c$이다.
(2) $a < b$이면 $a + c < b + c$이다.
(3) $a < b$, $c > 0$이면 $ac < bc$이다.

(4) $a < b$, $c < 0$이면 $ac > bc$이다.

실수 a에 대하여, a가 0보다 크면 a는 양의 실수 또는 양수라 하고, a가 0보다 작으면 음의 실수 또는 음수라 한다.

예제 2.1.10

다음 부등식을 푸시오.

(1) $x+2<5$

(2) $-3x \le 15$

풀이

(1) $x+2<5$

부등식의 양변에 -2을 더하면

$$(x+2)+(-2)<5+(-2)$$
$$x+(2+(-2))<5+(-2)$$
$$x<3\text{이다.}$$

(2) $-3x \le 15$

부등식의 양변에 $-\frac{1}{3}$을 곱한다. $-\frac{1}{3}<0$ 이기 때문에 부등호의 방향이 바뀐다.

$$-\frac{1}{3}(-3x) \ge -\frac{1}{3}(15)$$
$$x \ge -5\text{이다.}$$

구간 표기법

다음 표는 정해진 범위의 실수의 집합을 나타내는 구간 표기법을 요약한 것이다.

구간의 형태	집합	구간표기법	그래프
개구간	$\{x \mid a < x\}$ $\{x \mid a < x < b\}$ $\{x \mid x < b\}$ $\{x \mid x$는 실수$\}$	(a, ∞) (a, b) $(-\infty, b)$ $(-\infty, \infty)$	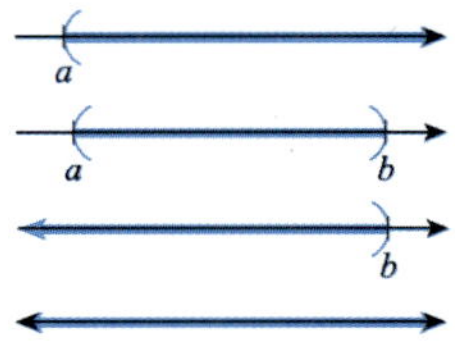
반개구간	$\{x \mid a \leq x\}$ $\{x \mid a < x \leq b\}$ $\{x \mid a \leq x < b\}$ $\{x \mid x \leq b\}$	$[a, \infty)$ $(a, b]$ $[a, b)$ $(-\infty, b]$	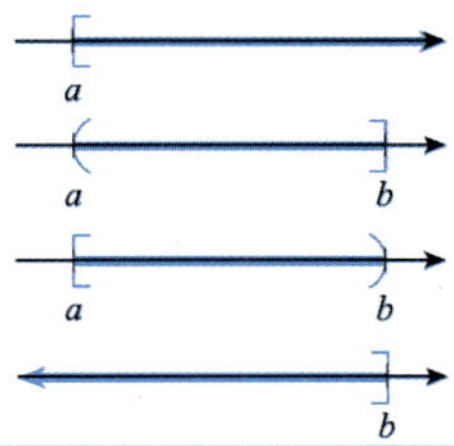
폐구간	$\{x \mid a \leq x \leq b\}$	$[a, b]$	

절댓값에서의 부등식

$|a|$는 수직선의 원점에서 a까지의 거리이다. 예를 들어 $|a| = 3$의 해는 -3과 3이다.

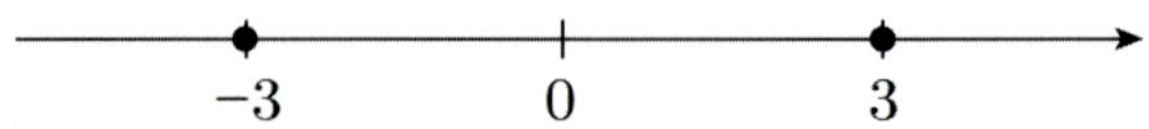

절댓값은 원점으로부터의 거리이므로 $|a| > 3$는 원점으로부터 거리가 3보다 큰 모든 수를 의미한다. 구간으로 나타내면 $(-\infty, -3) \cup (3, \infty)$이다. 즉 $a < -3$ 또는 $a > 3$이다.

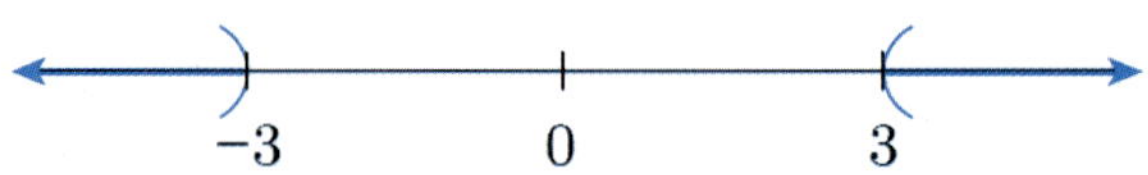

$|a| < 3$은 원점으로부터 거리가 3보다 작은 모든 수를 의미한다. 다시 말해 -3과 3 사이의 모든 수를 의미한다. 구간으로 나타내면 $(-3, 3)$이다. 즉 $-3 < a < 3$이다.

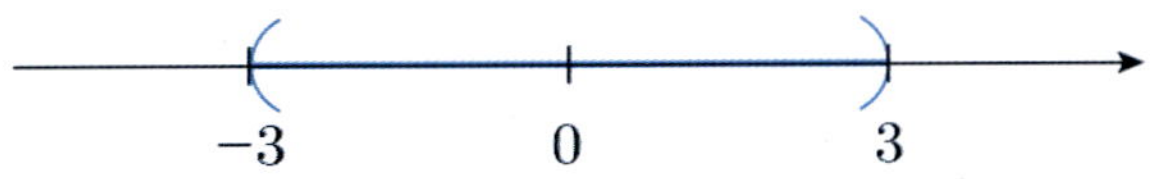

절댓값 방정식과 부등식의 풀이

k는 양의 실수이고 p와 q는 실수라 가정하자.

$|ax+b| = k$의 해를 구하기 위해 다음 방정식의 해를 구한다.

$$ax+b = k \text{ 또는 } ax+b = -k$$

해집합은 $\{p, q\}$ 꼴이다.

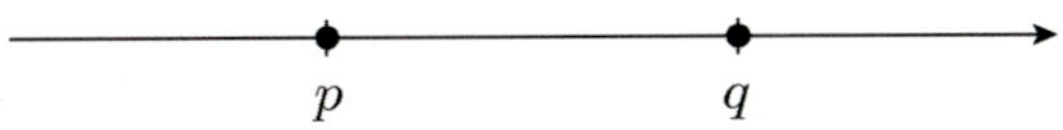

$|ax+b| > k$의 해를 구하기 위해 다음 부등식의 해를 구한다.

$$ax+b < -k \text{ 또는 } ax+b > k$$

해집합은 $(-\infty, p) \cup (q, \infty)$ 꼴이다.

$|ax+b| < k$의 해를 구하려면 다음 부등식의 해를 구한다.

$$-k < ax+b < k$$

해집합은 (p, q) 꼴이다.

예제 2.1.11 다음의 해를 구하시오.

(1) $|3x-1|>5$ (2) $|2x+3| \le 13$ (3) $\left|\frac{1}{2}x+3\right|=1$

풀이

(1) $|3x-1|>5$

$$3x-1<-5 \text{ 또는 } 3x-1>5$$

$$3x<-4 \text{ 또는 } 3x>6$$

$$x<-\frac{4}{3} \text{ 또는 } x>2$$

해집합은 $(-\infty, -\frac{4}{3}) \cup (2, \infty)$이다.

(2) $|2x+3| \le 13$

$$-13 \le 2x+3 \le 13$$

$$-16 \le 2x \le 10$$

$$-8 \le x \le 5$$

해집합은 $[-8, 5]$이다.

(3) $\left|\frac{1}{2}x+3\right|=1$

$$\frac{1}{2}x+3=-1 \text{ 또는 } \frac{1}{2}x+3=1$$

$$\frac{1}{2}x=-4 \text{ 또는 } \frac{1}{2}x=-2$$

$$x=-8 \text{ 또는 } x=-4$$

해집합은 $\{-8, -4\}$이다.

2.1 연습문제

1. 다음 값을 구하시오.

(1) $\left|-\frac{3}{5}\right|$

(2) $-|7|$

(3) $-|-4.8|$

(4) $|3|+|-1|$

(5) $|12|-|-4|$

(6) $|-2|+|5|-|-7|$

2. 다음 식을 계산하시오.

(1) $9-(-3)$

(2) $-5+3-6$

(3) $7(-9)$

(4) $-\frac{1}{3}(-15)$

(5) $-\frac{5}{6}\div\frac{5}{12}$

(6) $\dfrac{\frac{5}{7}}{\frac{3}{14}}$

3. 실수의 성질을 이용하여 다음 식을 간단히 하시오.

(1) $3a+5a$

(2) $-3(a+2)$

(3) $-(a+5b)-(3a-b)$

(4) $7x+5-2-3x$

(5) $4a+5-2a-3-2a-2$

(6) $-2(x-3)+3(4x-3)-1+5x$

4. 다음 부등식의 해를 구하고 해집합으로 나타내시오.

(1) $2x-1\le -5$

(2) $-4x+3<2$

(3) $|7x-1|=6$

(4) $|3x+2|\le 8$

(5) $|-x-5|>3$

(6) $|4x-7|\le -3$

2.2 초등함수

이 절에서는 함수의 정의, 일차함수, 이차함수, 다항함수, 유리함수, 우함수, 기함수에 대해서 살펴보고 그래프에 대해서 알아본다.

정의 2.2.1
집합 X의 모든 원소들을 집합 Y의 원소에 유일하게 대응시키는 관계를 X에서 Y로의 **함수**라 하고, $f: X \to Y$로 나타낸다. 이때, 집합 X를 f의 **정의역**이라 하고, 집합 Y를 f의 **공역**이라 한다. 즉, 함수는 정의역의 각 원소를 공역의 원소에 유일하게 대응시킨다. X의 원소 x에 대응되는 Y의 원소를 x의 **함숫값** 혹은 **상**이라 하고 $f(x)$라 표기한다. 모든 함숫값들을 모은 집합을 **치역**이라 부른다. 여기서 x를 **독립변수**, y를 **종속변수**라고도 한다.

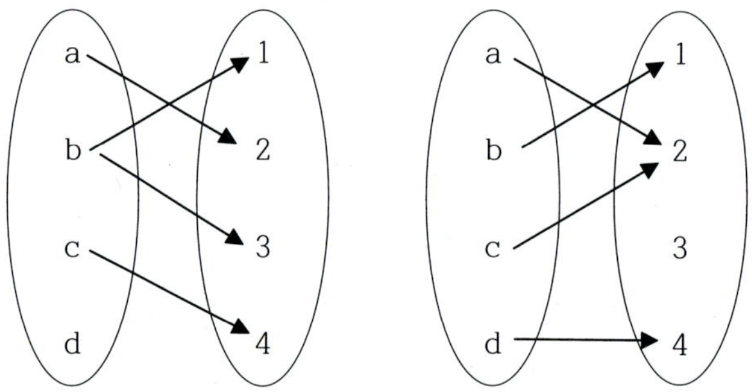

예제 2.2.2

다음이 함수인지 판별하고, 함수인 경우 정의역을 구하시오.

(1) $y = x + 3$　　(2) $y = \dfrac{5}{x-2}$

(3) $y \geq x + 2$　　(4) $y^2 = x$

풀이

(1) 방정식 $y = x + 3$은 각각의 x에 따라 유일한 y값이 대응되므로 함수이다. 정의역은 $\{x | x\text{는 실수}\}$이다.

(2) 각각의 x에 따라 유일한 y값이 대응되므로 함수이다. 정의역은 분모를 0으로 만드는 수를 제외한 모든 실수를 포함한다.

$$\begin{aligned} x-2&=0 \\ x&=2 \end{aligned}$$

따라서 정의역은 2를 제외한 모든 실수를 포함한다. 즉, $\{x|x \neq 2$인 모든 실수$\}$이다.

(3) 예를 들면, 순서쌍 $(1, 3)$, $(1, 4)$, $(1, 5)$, $(1, 6)$은 모두 부등식을 만족한다. 그러므로 부등식은 함수가 될 수 없다.

(4) 순서쌍 $(4, -2)$와 $(4, 2)$는 $y^2 = x$을 만족한다. 하나의 x값 4에 -2와 2가 모두 대응되므로 이 방정식은 함수가 될 수 없다.

예제 2.2.3

$f(x) = x^2 + 3x - 2$일 때, 다음을 구하시오.

(1) $f(2)$

(2) $f(a)$

(3) $f(-x)$

(4) $f(a+1)$

풀이

(1) x에 2를 대입한다.

$$\begin{aligned} f(x) &= x^2 + 3x - 2 \\ f(2) &= (2)^2 + 3(2) - 2 \\ &= 4 + 6 - 2 \\ &= 8 \end{aligned}$$

따라서 $f(2) = 8$이다.

(2) x에 a를 대입한다.

$$\begin{aligned} f(x) &= x^2 + 3x - 2 \\ f(a) &= a^2 + 3a - 2 \end{aligned}$$

이와 같이 한 변수를 다른 변수로 바꾸어 표현할 수 있다.

(3) x에 $-x$를 대입한다.

$$\begin{aligned} f(x) &= x^2 + 3x - 2 \\ f(-x) &= (-x)^2 + 3(-x) - 2 \\ &= x^2 - 3x - 2 \end{aligned}$$

(4) x에 $a+1$을 대입한다.

$$
\begin{aligned}
f(x) &= x^2 + 3x - 2 \\
f(a+1) &= (a+1)^2 + 3(a+1) - 2 \\
&= a^2 + 2a + 1 + 3a + 3 - 2 \\
&= a^2 + 5a + 2
\end{aligned}
$$

정의 2.2.4

X의 임의의 두 원소 x_1, x_2에 대하여

$$x_1 \neq x_2 \text{이면 } f(x_1) \neq f(x_2)$$

일 때, 함수 f를 **일대일 함수**라 한다. 또한

(1) 치역과 공역이 일치하고

(2) 일대일 함수일 때, 함수 f를 **일대일대응**이라 한다.

명제 '$f(x_1) = f(x_2)$이면 $x_1 = x_2$'은 명제 '$x_1 \neq x_2$이면 $f(x_1) \neq f(x_2)$'의 대우이므로 X의 임의의 두 원소 x_1, x_2에 대하여

$$f(x_1) = f(x_2) \text{이면 } x_1 = x_2$$

은 f가 일대일 함수이기 위한 필요충분조건이다.

정의 2.2.5

일대일대응 중에서 정의역과 공역이 같고, X의 각 원소 x에 x 자신이 대응하는 함수를 특히 **항등함수**라 한다. 즉, $f(x) = x$ 일 때를 말한다. 흔히, I로 나타낸다.

정의 2.2.6

함수 f의 치역이 하나의 원소로만 이루어진 함수를 상수함수라 한다. 즉, X의 모든 원소 x가 Y의 한 원소 c에 대응되는 함수 $f(x) = c$를 **상수함수**라 한다.

지금부터 일차함수와 이차함수, 다항함수에 대해서 살펴보려 한다. 일차함수와 직선의 방정식을 살펴보기에 앞서 먼저 절편을 정의하자.

정의 2,2,7

x **절편**은 그래프가 x축과 만나는 점, y **절편**은 그래프가 y축과 만나는 점이다.

x절편은 x축 위에 있으므로 y값은 항상 0이다. 그래서 x절편을 구하기 위해서는 $y = 0$이라 놓고 구한다. 마찬가지로 y절편은 y축 위에 있으므로 x값은 항상 0이다.

y절편을 구하기 위해서는 $x=0$이라 놓고 구한다.

예제 2.2.8

$2x-y=5$의 x절편과 y절편을 구하시오.

풀이

$y=0$라 놓고 x절편을 구한다.

$$\begin{aligned} 2x-0&=5 \\ 2x&=5 \\ x&=\frac{5}{2} \end{aligned}$$

이므로 x절편은 $\left(\frac{5}{2}, 0\right)$이다. $x=0$라 놓고 y절편을 구한다.

$$\begin{aligned} 2(0)-y&=5 \\ -y&=5 \\ y&=-5 \end{aligned}$$

이므로 y절편은 $(0, -5)$이다.

일차함수와 직선의 방정식

일차함수란 $f(x)=mx+n$ 꼴의 함수를 말한다. 여기서 m과 n은 실수이고 $m\neq0$이다. 일차함수의 정의역은 모든 실수의 집합이다. 또한 일차함수의 그래프는 직선이다. 먼저 평면 상의 두 점 사이의 기울기를 정의해 보자.

> **정의 2.2.9**
> $x_1\neq x_2$인 두 점 $A(x_1, y_1)$과 $B(x_2, y_2)$를 지나는 **직선의 기울기**는
> $$m=\frac{y\text{의 변화량}}{x\text{의 변화량}}=\frac{y_2-y_1}{x_2-x_1} \text{ 이다.}$$

직선의 방정식을 구할 수 있는 경우는 다음 세 가지가 있다.

(1) 기울기와 y절편이 주어진 경우

(2) 기울기와 직선 위의 한 점이 주어진 경우

(3) 직선 위의 서로 다른 두 점이 주어진 경우

이다. 각각의 경우에 따라 직선의 방정식을 구하는 방법에 대해 살펴보자.

(1) 기울기와 y절편이 주어진 경우

직선 L의 기울기가 m이고 y절편이 $(0, n)$일 경우 직선 L 위의 임의의 점을 (x, y)라 하자. 이 직선은 y절편 $(0, n)$과 (x, y)를 지난다. 그러면 기울기의 정의를 이용하여 직선의 방정식을 구할 수 있다.

$$m = \frac{y-n}{x-0}$$
$$mx = y-n$$
$$y = mx+n$$

그러므로 기울기가 m이고 y절편이 $(0, n)$인 직선 L의 방정식은 다음과 같다.

$$y = mx + n$$

예제 2.2.10

기울기가 2이고 y절편이 $(0, -3)$인 직선의 방정식을 구하고 그래프를 그리시오.

풀이

$m=2$이고 $n=-3$이다. $y=mx+n$에 각각 m과 n을 대입한다.

$$y = 2x-3$$

기울기와 y절편을 이용하여 그래프를 그릴 수 있다. 먼저 y절편 $(0, -3)$의 위치에 점을 찍는다. 기울기가 2이므로 오른쪽으로 1, 위쪽으로 2만큼 이동하여 $(1, -1)$에 점을 찍는다. 두 점을 직선으로 그리면 그래프가 완성된다.

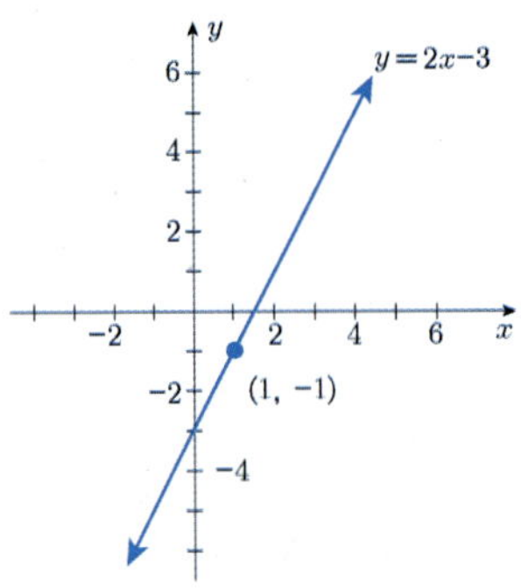

(2) 기울기와 직선 위의 한 점이 주어진 경우

직선 L이 기울기가 m이고, 점 (x_1, y_1)을 지난다고 할 때, 직선 L 위의 임의의 점을 (x, y)라 하자. 그러면 기울기의 정의에 의하여

$$m = \frac{y - y_1}{x - x_1}$$

$$m(x - x_1) = y - y_1$$

$$y - y_1 = m(x - x_1)$$

그러므로 기울기가 m이고 직선 위의 한 점 (x_1, y_1)이 주어진 직선 L 방정식은 다음과 같다.

$$y - y_1 = m(x - x_1)$$

예제 2.2.11

기울기가 $\frac{1}{3}$이고 한 점 $(-1, 2)$를 지나는 직선의 방정식을 구하고 그래프를 그리시오.

풀이

$m = \frac{1}{3}$ 이고 $(x_1, y_1) = (-1, 2)$이다. $y - y_1 = m(x - x_1)$에 각각을 대입하자.

$$y - 2 = \frac{1}{3}[x - (-1)]$$

$$y - 2 = \frac{1}{3}(x + 1)$$

$$y - 2 = \frac{1}{3}x + \frac{1}{3}$$

$$y = \frac{1}{3}x + \frac{7}{3}$$

x절편을 이용하여 그래프를 그려보자. x절편은 $(-7, 0)$이고 지나는 한 점은 $(-1, 2)$이므로 두 점을 찍고 직선으로 연결하면 다음 그래프를 얻는다.

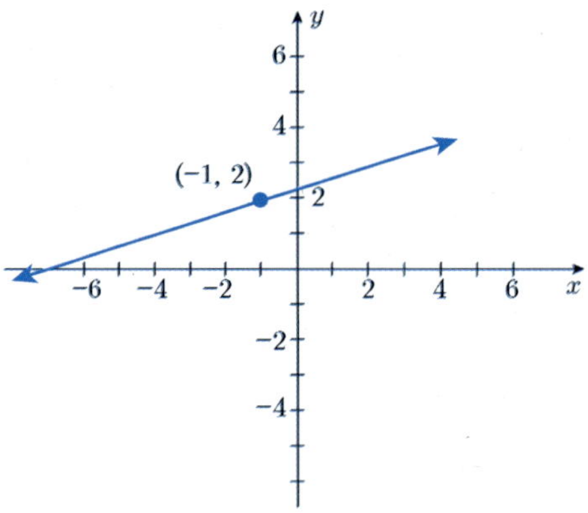

(3) 직선 위의 서로 다른 두 점이 주어진 경우

직선 L이 서로 다른 두 점 (x_1, y_1)과 (x_2, y_2)를 지난다고 할 때, 두 점 사이를 잇는 선분의 기울기는 직선의 기울기와 같다. 직선 L의 기울기는

$$\frac{y_2 - y_1}{x_2 - x_1}$$

이고, 기울기가 주어지므로 (2)의 경우를 적용하면 다음과 같다.

$$m = \frac{y_2 - y_1}{x_2 - x_1}$$

$$y - y_1 = \frac{y_2 - y_1}{x_2 - x_1}(x - x_1)$$

이 때 $x_1 = x_2$인 경우는 y축에 평행한 직선이고, 이 직선의 방정식은 $x = x_1$으로 기울기는 존재하지 않는다. $y_1 = y_2$인 경우 x축에 평행한 직선이고, 이 방정식은 $y = y_1$으로 기울이는 0이다.

그러므로 서로 다른 두 점 (x_1, y_1)과 (x_2, y_2)를 지나는 직선의 방정식은 다음과 같다.

$$y - y_1 = \frac{y_2 - y_1}{x_2 - x_1}(x - x_1) \quad (\text{단}, x_1 \neq x_2)$$

예제 2.2.12

두 점 $(-2, 4)$와 $(4, -1)$을 지나는 직선의 방정식을 구하고 그래프를 그리시오.

풀이

두 점 $(-2, 4)$와 $(4, -1)$를 잇는 선분의 기울기는 $\dfrac{-1-4}{4-(-2)}=-\dfrac{5}{6}$이므로 직선의 방정식은

$$y-4=-\frac{5}{6}[x-(-2)] \text{ 또는 } y-(-1)=-\frac{5}{6}(x-4)$$

이고, 정리하면 하나의 방정식

$$y=-\frac{5}{6}x+\frac{7}{3} \text{ 즉, } 5x+6y-14=0\text{을 얻는다.}$$

그래프를 그리는 방법은 간단하다. 두 점이 주어졌으므로 두 점을 좌표평면에 각각 찍고 직선으로 연결하면 다음 그래프를 얻는다.

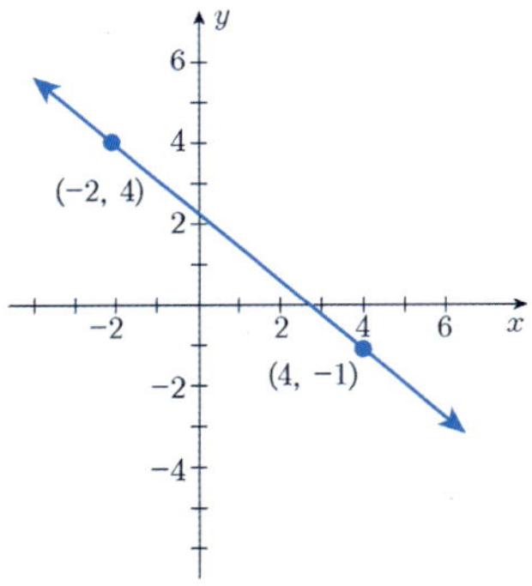

예제 2.2.13

서로 다른 두 점을 지나는 직선의 방정식을 각각 구하고, 그래프를 그리시오.

(1) $(7, 3)$, $(-1, 3)$

(2) $(4, 2)$, $(4, -5)$

풀이

(1) $(7, 3)$, $(-1, 3)$

$y_1=y_2$이므로 x축에 평행한 직선이고, 직선의 방정식은 $y=3$이다. 이때 기울기는 0이다. 두 점을 연결하여 그래프를 얻을 수 있다.

(2) $(4, 2)$, $(4, -5)$

$x_1=x_2$이므로 y축에 평행한 직선이고, 직선의 방정식은 $x=4$이다. 이때 기울기는 존재하지 않는다. 두 점을 연결하여 그래프를 얻을 수 있다.

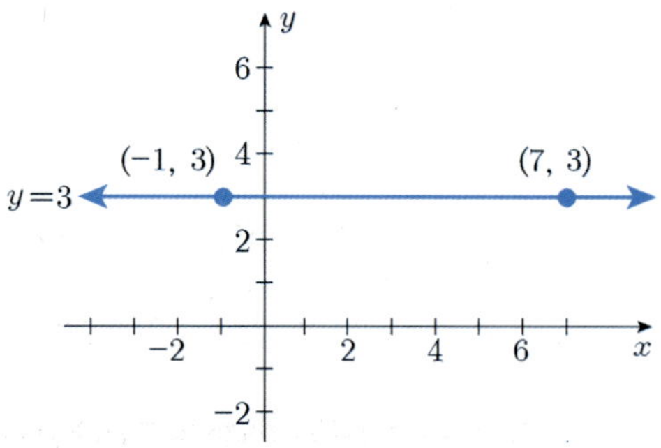

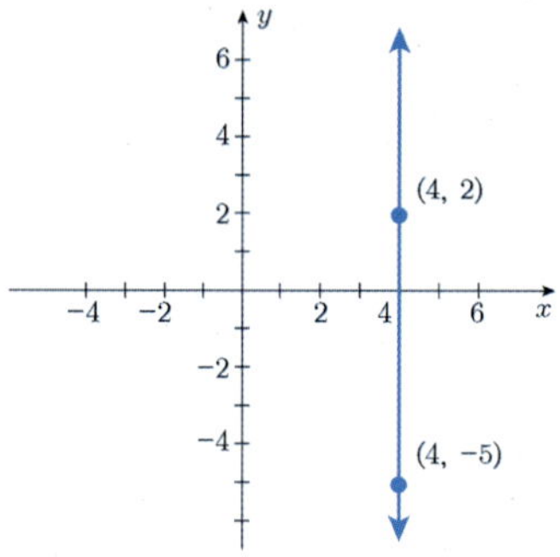

이차함수

> **정의 2.2.14**
> $a \neq 0$인 실수 a, b, c에 대하여
> $$f(x) = ax^2 + bx + c$$
> 형식으로 쓸 수 있는 함수를 **이차함수**라 한다.

$y = x^2$으로 정의된 이차함수를 만족하는 순서쌍 (x, y)를 표로 나타내고 그래프를 그려보자.

x	-2	-1	0	1	2
y	4	1	0	1	4

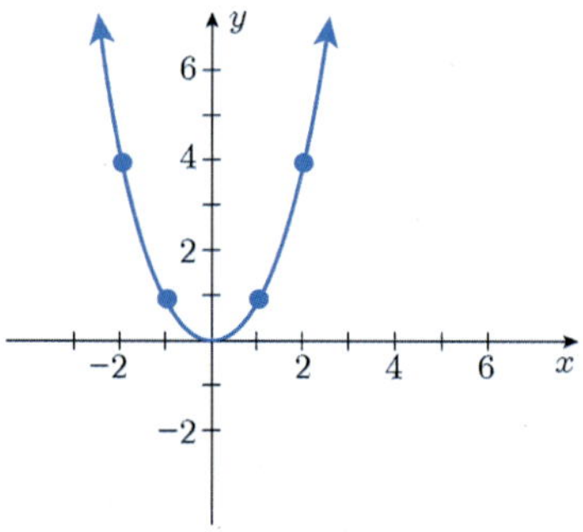

이 그래프를 **포물선**이라 부른다. 곡선의 가장 낮은 점 $(0, 0)$은 이 포물선의 꼭짓점이다. 꼭짓점을 지나는 수직선을 포물선의 **축**이라 하고 여기서의 축은 $x = 0$이다. 포물선은 축에 대해 대칭이다. 즉 포물선을 축에 따라 접으면 곡선은 두 부분이 정확하게 일치한다. 정의역은 모든 실수 즉, $(-\infty, \infty)$이다. y는 항상 0 이상이므로 치역은 $[0, \infty)$이다.

2차 함수의 성질

(1) $F(x)=a(x-h)^2+k,\ a\neq 0$에 의해 정의된 이차함수의 그래프는 $y=ax^2$의 그래프를 x축으로 h만큼 y축으로 k만큼 평행이동한 것이다. 따라서 꼭짓점은 (h, k)이고, 축은 $x=h$이다.

(2) $a>0$이면 아래로 볼록한 포물선이고, $a<0$이면 위로 볼록한 포물선이다.

(3) 그래프는 $0<|a|<1$인 경우 $f(x)=x^2$보다 폭이 넓고 $|a|>1$인 경우 $f(x)=x^2$보다 폭이 좁다.

예제 2.2.15

다음 이차함수의 그래프를 그리시오. 또한 꼭짓점, 축, 정의역 및 치역을 구하시오.

(1) $F(x)=-2(x-3)^2+5$ (2) $H(x)=\dfrac{1}{2}(x+1)^2-3$

풀이

(1) $F(x)=-2(x-3)^2+5$

$a<0$이므로 포물선은 위로 볼록하고 $|-2|=2>1$이기 때문에 $f(x)=x^2$의 그래프보다 폭이 좁다. 즉, $F(x)$의 값은 $f(x)=-x^2$의 값보다 빠르게 감소한다. 이 포물선의 꼭짓점은 $(3, 5)$이므로, $f(x)=-2x^2$의 그래프를 x축으로 3만큼 y축으로 5만큼 평행이동한 그래프이다. 그래프를 완성하기 위해 점 $(2, 3)$과 대칭인 점 $(4, 3)$을 찍는다. 대칭을 이용하여 그래프 위의 점을 더 찾을 수 있다.

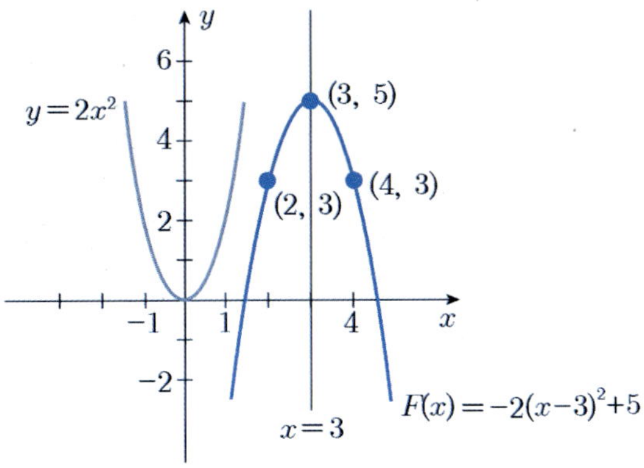

(2) $H(x)=\frac{1}{2}(x+1)^2-3$

$a>0$이므로 포물선은 아래로 볼록하고 $\left|\frac{1}{2}\right|=\frac{1}{2}<1$ 이기 때문에 $f(x)=x^2$의 그래프보다 폭이 넓다. 즉, $H(x)$의 값은 $f(x)=x^2$의 값보다 느리게 증가한다. 이 포물선의 꼭짓점은 $(-1,\ -3)$이므로, $f(x)=\frac{1}{2}x^2$의 그래프를 x축으로 -1만큼 y축으로 -3만큼 평행이동한 그래프이다. 그래프를 완성하기 위해 점 $\left(-2,-\frac{5}{2}\right)$와 대칭인 점 $\left(0,-\frac{5}{2}\right)$를 찍는다. 대칭을 이용하여 그래프 위의 점을 더 찾을 수 있다.

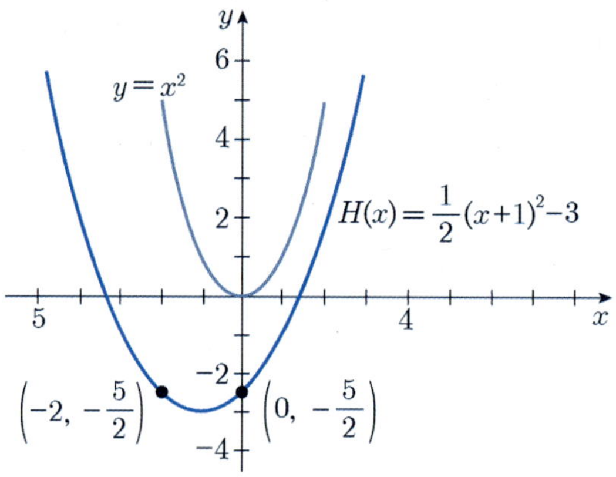

다항함수

> **정의 2.2.16**
>
> 실수 $a_n,\ a_{n-1},\ \cdots,\ a_1,\ a_0,\ a_n\neq 0$에 대하여
>
> $$f(x)=a_nx^n+a_{n-1}x^{n-1}+\cdots+a_1x+a_0$$
>
> 를 n차 **다항함수**라 한다. n은 음이 아닌 정수이다. 다항함수의 차수가 1차일 때, 일차함수이고, 차수가 2, 3, $\cdots$인 다항함수는 각각 이차함수, 삼차함수, $\cdots$라 한다.

고차함수의 그래프

고차함수 $y=a_nx^n+a_{n-1}x^{n-1}+\cdots+a_1x+a_0$에서 $a>0$이면 오른쪽 끝이 올라가고, $a<0$이면 오른쪽 끝이 내려간다.

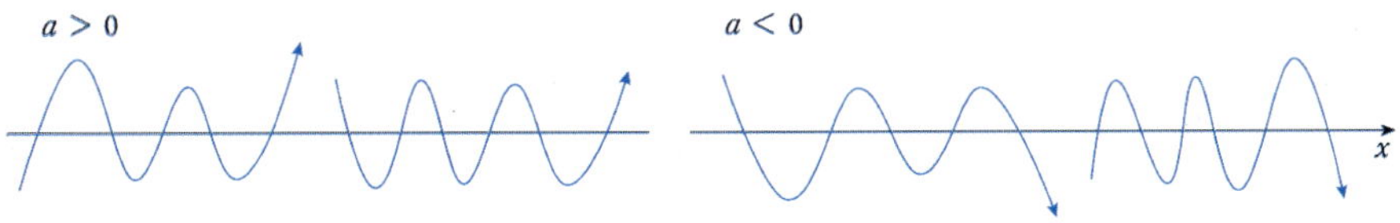

예제 2.2.17

$f(x) = 5x^3 - 2x^2 + x + 4$일 때, 다음 값을 구하시오.

(1) $f(2)$ (2) $f(-3)$

풀이

(1) $f(2) = 5(2)^3 - 2(2)^2 + 2 + 4$
$= 40 - 8 + 2 + 4$
$= 38$

(2) $f(-3) = 5(-3)^3 - 2(-3)^2 + (-3) + 4$
$= -135 - 18 + (-3) + 4$
$= -152$

정의 2.2.18

정의역이 같은 두 함수 $f(x)$와 $g(x)$에 대하여

$$(f+g)(x) = f(x) + g(x)$$
$$(f-g)(x) = f(x) - g(x)$$
$$(fg)(x) = f(x)g(x)$$
$$\left(\frac{f}{g}\right)(x) = \frac{f(x)}{g(x)} \quad (\text{단, } g(x) \neq 0)$$

라 정의한다.

예제 2.2.19

$f(x) = x^2 + 3x - 5,\ g(x) = -3x^2 + 5x + 1$에 대하여 다음을 구하시오.

(1) $(f+g)(x)$ (2) $(f-g)(x)$

풀이

(1) $(f+g)(x) = f(x) + g(x)$
$= (x^2 + 3x - 5) + (-3x^2 + 5x + 1)$
$= -2x^2 + 8x - 4$

(2) $(f-g)(x)=f(x)-g(x)$
$$=(x^2+3x-5)-(-3x^2+5x+1)$$
$$=4x^2-2x-6$$

예제 2.2.20

$f(x)=2x^2+3x-12$와 $g(x)=x+2$에 대하여 다음을 구하시오

(1) $(fg)(x)$　　(2) $(fg)(-1)$

(3) $\left(\frac{f}{g}\right)(x)$　　(4) $\left(\frac{f}{g}\right)(1)$

풀이

(1) $(fg)(x)=f(x)g(x)$
$$=(2x^2+3x-12)(x+2)$$
$$=2x^3+4x^2+3x^2+6x-12x-24$$
$$=2x^3+7x^2-6x-24$$

(2) $(fg)(-1)=2(-1)^3+7(-1)^2-6(-1)-24$
$$=-2+7+6-24$$
$$=-13$$

(3) $\left(\frac{f}{g}\right)(x)=\frac{f(x)}{g(x)}$

$$\begin{array}{r|l} & 2x-1 \\ \hline x+2 & 2x^2+3x-12 \\ & \underline{2x^2+4x} \\ & -x-12 \\ & \underline{-x-2} \\ & -10 \end{array}$$

$$\therefore \left(\frac{f}{g}\right)(x)=2x-1-\frac{10}{x+2}$$

(4) $(\frac{f}{g})(1)=\frac{f(1)}{g(1)}$
$$=\frac{2(1)^3+3(1)-12}{1+2}$$
$$=\frac{2+3-12}{1+2}$$
$$=-\frac{7}{3}$$

정의 2.2.21

(1) $f(-x)=f(x)$이면 f를 우함수라 한다. 이때 $f(x)$의 그래프는 y축에 대하여 대칭이다.

(2) $f(-x)=-f(x)$이면 f를 기함수라 한다. 이때 $f(x)$의 그래프는 원점에 대하여 대칭이다.

예제 2.2.22

우함수의 예로는 $y=x^2$, $y=x^4$, $y=3x^4-5x^2-1$, $y=|x|$, $y=\cos x$ 등이 있다.

기함수의 예로는 $y=x^3$, $y=2x^5-x^3+2x$, $y=\sin x$, $y=\tan x$ 등이 있다.

정의 2.2.23

유리식은 분모가 0이 아닌 두 다항식의 비율이다. 즉,

$$\frac{P}{Q} \quad P, Q \text{는 다항식이며 } Q \neq 0$$

유리식으로 정의된 함수를 **유리함수**라 부르며 이것은

$$f(x)=\frac{P(x)}{Q(x)}, \quad Q(x) \neq 0$$

와 같이 쓸 수 있다.

예제 2.2.24

$y=\dfrac{1}{x}$의 그래프를 그리시오.

풀이

x	-3	-2	-1	-0.5	-0.25	-0.1	0.1	0.25	0.5	1	2	3
y	$-\frac{1}{3}$	$-\frac{1}{2}$	-1	-2	-4	-10	10	4	2	1	$\frac{1}{2}$	$\frac{1}{3}$

위의 표를 이용하여 그래프를 그리면 다음과 같다.

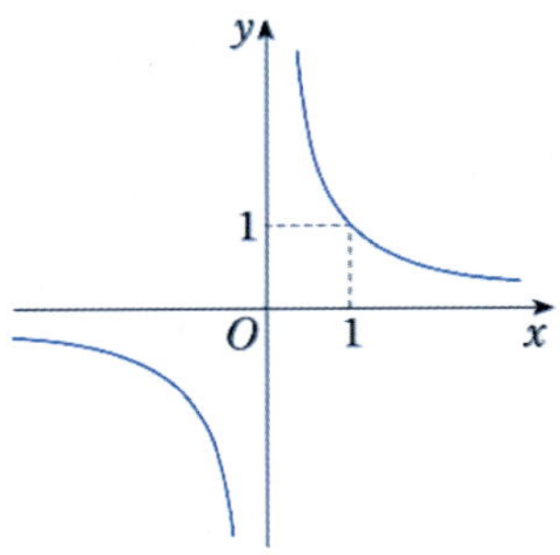

$y=\dfrac{k}{x}(k \neq 0)$ 의 그래프의 성질

(1) 정의역, 치역 모두 0을 제외한 모든 실수이다.

(2) 원점에 대하여 대칭인 그래프이다.

(3) 점근선이 x축, y축인 직각 쌍곡선이다.

(4) $k>0$이면 그래프가 1, 3 사분면에 있고, $k<0$이면 그래프가 2, 4 사분면에 있다.

(5) $|k|$가 클수록 곡선은 원점에서 멀어진다.

예제 2.2.25

유리함수 $y=\dfrac{-2}{x+1}$의 그래프를 그리시오. 또한 정의역, 치역, 점근선의 방정식을 구하시오.

풀이

$y=\dfrac{-2}{x+1}$에 대한 x와 y의 대응표는 다음과 같다.

x	-5	-4	-3	-2	-1.5	-1.25	-0.75	-0.5	0	1	2	3
y	$\frac{1}{2}$	$\frac{2}{3}$	1	2	4	8	-8	-4	-2	-1	$-\frac{2}{3}$	$-\frac{1}{2}$

위의 표를 이용하여 그래프를 그려보면 다음과 같다.

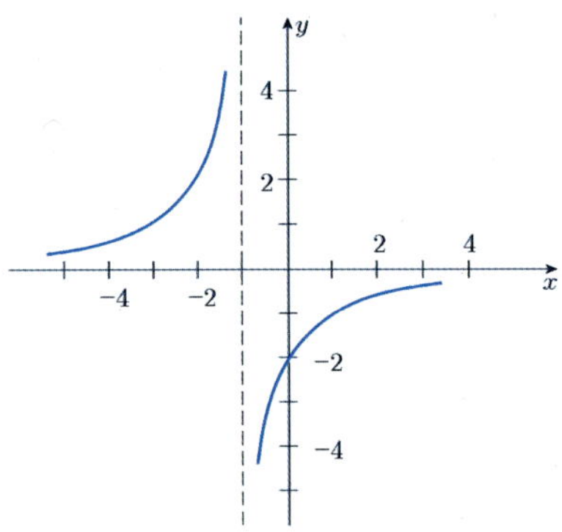

$x=-1$

-1은 정의역에서 제외되기 때문에 $x=-1$에서는 그래프가 나타나지 않는다. 점선 $x=-1$은 수직점근선을 나타낸다. x의 값이 -1에 가까워질수록 그래프는 수직점근선 $x=-1$에 가까워진다. 정의역은 $\{x|x\neq-1$인 모든 실수$\}$이며, 치역은 $\{y|\,y\neq0$인 모든 실수$\}$이다. 축은 $x=-1$, $y=0$이다.

$y=\dfrac{k}{x-m}+n$ 의 그래프

$y=\dfrac{k}{x-m}+n$의 그래프는 함수 $y=\dfrac{k}{x}$의 그래프를 x축 방향으로 m만큼 y축 방향으로 n만큼 평행이동한 것이다. 이때, 점근선은 두 직선 $x=m$, $y=n$이다.

예제 2.2.26

함수 $y=\dfrac{3x+2}{x-2}$의 그래프를 그리고, 점근선의 방정식을 구하시오.

풀이

$y=\dfrac{3x+2}{x-2}=\dfrac{3(x-2)+8}{x-2}=\dfrac{8}{x-2}+3$이므로 이것의 그래프는 $y=\dfrac{8}{x}$의 그래프를 x축방향으로 2만큼 y축 방향으로 3만큼 평행이동한 것이다. 따라서 점근선의 방정식은 $x=2$, $y=3$이다. 그래프를 그리면 다음과 같다.

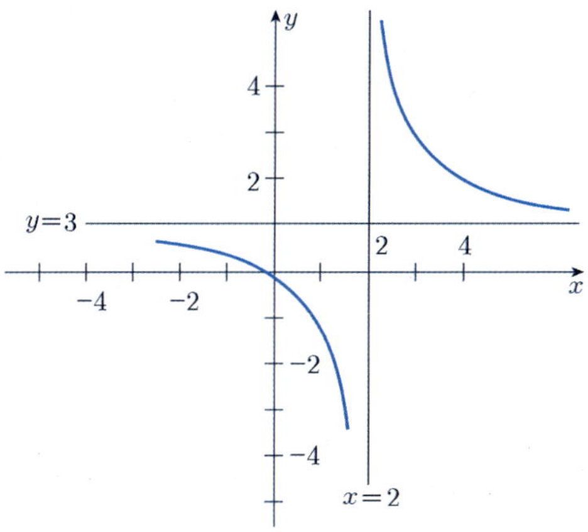

2.2 연습문제

1. 다음이 함수인지 판단하고, 정의역과 치역을 구하시오.

(1) $y=2x^2$　　(2) $y=x^3$

(3) $y=3x-2$　　(4) $x+y<5$

(5) $y=\sqrt{x+4}$　　(6) $y=\dfrac{3}{x-2}$

2. $f(x)=-2x^2+5x-1$일 때 $f(3)$과 $f(-a)$를 구하시오.

3. 실수 전체의 집합에서 정의된 두 함수 f, g에 대하여 f는 항등함수이고 g는 상수함수이다. $f(2)=g(2)=2$일 때, $f(5)+g(4)$의 값을 구하시오.

4. 다음 조건을 만족하는 직선의 방정식을 구하고, x절편과 y절편을 구하시오.

(1) $(-3, 2)$를 지나고 기울기가 $\frac{1}{2}$인 직선

(2) 두 점 $(3, 5)$와 $(2, 3)$을 지나는 직선

(3) 점 $(4, -1)$을 지나고 x축에 평행한 직선

(4) 점 $(-2, 5)$를 지나고 y축에 평행한 직선

(5) 점 $(-2, 5)$를 지나고 직선 $x+2y=-1$에 평행한 직선

5. 다음 이차함수의 그래프를 그리시오, 또한 꼭짓점, 축, 정의역, 치역을 각각 구하시오.

(1) $f(x)=3x^2-3$

(2) $f(x)=2(x+5)^2$

(3) $f(x)=-2(x+1)^2$

(4) $f(x)=\frac{1}{2}(x-8)^2-5$

(5) $f(x)=x^2-6x+10$

(6) $f(x)=-3x^2+12x-5$

6. $f(x)=x^2-3x+5$의 최솟값을 구하고, 그 때의 x값을 구하시오.

7. $f(x)=-2x^3-x^2+5x+3$, $g(x)=x^2+3x-2$일 때, $(f+g)(x)$와 $(f-g)(-1)$을 구하시오.

8. $f(x)=3x^2+5x-1$, $g(x)=x+2$일 때, $(fg)(x)$와 $(fg)(2)$를 구하시오.

9. $f(x)=8x^3-25$, $g(x)=2x-1$일 때, $\left(\frac{f}{g}\right)(x)$을 구하고 $\frac{f}{g}$의 정의역에 속하지 않는 x 값을 구하시오.

10. 함수 $f(x)=\frac{5x-1}{x+a}$의 그래프의 점근선의 방정식이 $x=3$, $y=b$일 때, 상수 a, b의 값을 각각 구하시오.

2.3 역함수와 합성함수

앞 절에서 함수의 정의에 대해서 살펴보았다. 여기에서는 역함수의 의미와 역함수를 구하는 방법에 대해서 살펴보자.

정의 2.3.1

함수 $f: X \to Y$가 일대일대응일 때 집합 Y에서 집합 X로의 대응을 나타내는 함수를 f의 **역함수**라 하고 $f^{-1}: Y \to X$로 나타낸다. 다시 말해 f의 정의역은 f^{-1}의 치역이 되고 f의 치역은 f^{-1}의 정의역이 된다.

예제 2.3.2

함수 f가 일대일 대응이고 $f(1)=5$, $f(3)=7$, $f(8)=-10$일 때, $f^{-1}(5)$, $f^{-1}(7)$, $f^{-1}(-10)$의 값을 구하시오.

풀이

$$f(1)=5\text{이기 때문에 } f^{-1}(5)=1$$
$$f(3)=7\text{이기 때문에 } f^{-1}(7)=3$$
$$f(8)=-10\text{이기 때문에 } f^{-1}(-10)=8$$

이다.

f의 역함수 구하기

1단계 $y=f(x)$라 쓴다.

2단계 x와 y를 바꾼다.

3단계 y에 대하여 푼다.

4단계 y를 $f^{-1}(x)$로 바꾼다.

위의 네 단계를 거쳐 f의 역함수를 찾을 수 있다.

예제 2.3.3

다음의 방정식이 역함수가 존재하면 역함수를 구하고, 그렇지 않다면 그 이유를 말하시오.

(1) $f(x)=3x+5$ (2) $y=2x^2-1$ (3) $f(x)=x^3+2$

풀이

(1) $f(x)=3x+5$는 일대일대응이다. 역함수를 찾기 위해서, 먼저 $y=f(x)$라 놓으면,

$$y=3x+5$$

$$x=3y+5 \qquad x\text{와 } y\text{를 바꾼다. (2단계)}$$

$$3y=x-5 \qquad y\text{에 대하여 푼다. (3단계)}$$

$$y=\frac{x-5}{3}$$

$$f^{-1}(x)=\frac{x-5}{3} \qquad y\text{를 } f^{-1}(x)\text{로 바꾼다. (4단계)}$$

(2) 이 방정식은 일대일대응이 아니다. 예를 들어 $x=4$와 $x=-4$ 모두 $y=31$에 대응된다. 그러므로 역함수를 갖지 않는다. 만약 역함수의 방정식을 찾는 단계를 수행하면

$$y=2x^2-1$$

$$x=2y^2-1 \qquad x\text{와 } y\text{를 바꾼다.}$$

$$2y^2=x+1 \qquad y\text{에 대하여 푼다.}$$

$$y^2=\frac{x+1}{2}$$

$$y=\pm\sqrt{\frac{x+1}{2}} \qquad \text{제곱근 성질}$$

$x>-1$ 인 x에 대해 y의 값이 2개 있다는 것을 보여주므로 주어진 함수는 일대일이 아니며 역함수를 가질 수 없다.

(3) $f(x)=x^3+2$는 일대일대응이므로 역함수를 구할 수 있다. 먼저 $y=f(x)$라 놓으면

$$y=x^3+2$$

$x = y^3 + 2$	x와 y를 바꾼다. (2단계)
$y^3 = x - 2$	y에 대하여 푼다. (3단계)
$y = \sqrt[3]{x-2}$	제곱근 성질
$f^{-1}(x) = \sqrt[3]{x-2}$	y를 $f^{-1}(x)$로 바꾼다. (4단계)

역함수의 그래프

x와 y를 바꾸는 법칙은 f의 그래프로부터 f^{-1}의 그래프를 얻기 위한 방법을 제공해 준다. $f(a) = b$의 필요충분조건은 $f^{-1}(b) = a$이므로, 점 (a, b)가 f의 그래프 위에 있을 필요충분조건은 점 (b, a)가 f^{-1}의 그래프 위에 있는 것이다. 여기서 점 (b, a)는 점 (a, b)를 직선 $y = x$에 대칭시켜 얻는다.

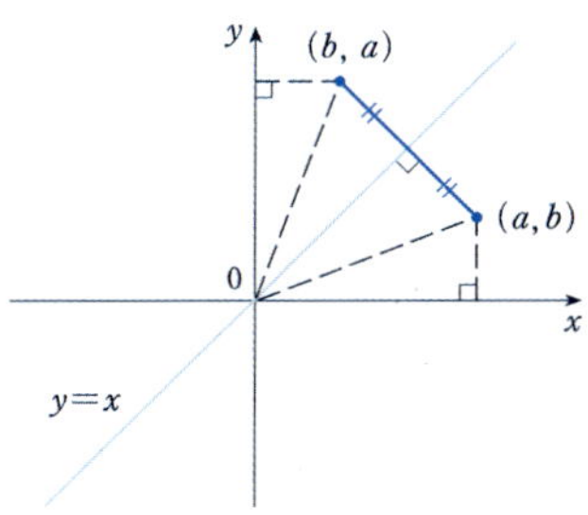

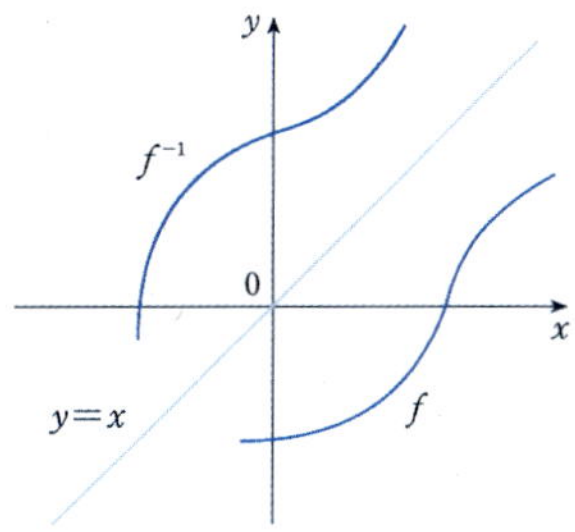

합성함수

그림은 함수 f를 집합 X의 각 원소 x를 집합 Y의 한 원소 y에 대응시키는 것이다. 함수 g는 집합 Y의 각 원소를 집합 Z의 한 원소 z에 대응시킨다고 가정하자. f와 g를 이용하여 X의 원소 x를 Z의 원소 z에 대응시킨다. 그러면 새로운 함수 h는 X의 원소 x를 Z의 원소 z에 대응시킨다.

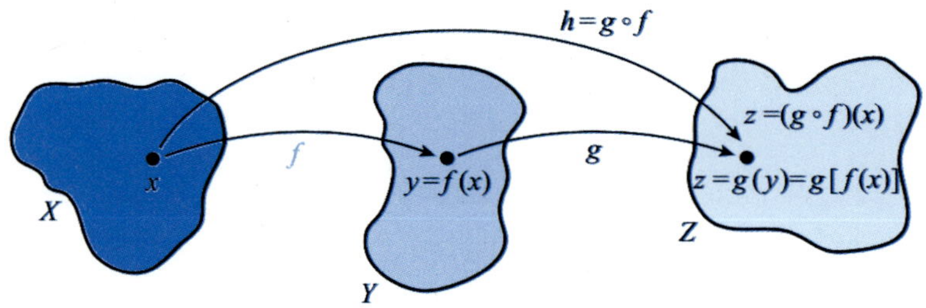

이때, 함수 h는 f와 g의 합성이라 하고 기호 $g \circ f$로 쓴다.

정의 2.3.4

f와 g가 함수일 때, f와 g의 **합성함수**는

$$(g \circ f)(x) = g(f(x))$$

로 정의한다. 이때, f의 정의역에 있는 모든 x에 대하여 $f(x)$가 g의 정의역에 속하도록 한다. 즉, 함수 f의 치역이 함수 g의 정의역의 부분집합이다.

정리 2.3.5

합성함수의 성질

(1) $g \circ f \neq f \circ g$ (교환법칙이 성립하지 않음)

(2) $h \circ (g \circ f) = (h \circ g) \circ f$ (결합법칙 성립)

(3) $f \circ I = I \circ f = f$ (단, I는 항등함수)

예제 2.3.6

$f(x) = 2x - 1$, $g(x) = x^2 + 3$이라 하자. 다음을 구하시오.

(1) $(f \circ g)(x)$ (2) $(f \circ g)(2)$

(3) $(g \circ f)(x)$ (4) $(g \circ f)(2)$

풀이

(1) $(f \circ g)(x) = f(g(x)) = f(x^2 + 3)$

$$= 2(x^2 + 3) - 1$$
$$= 2x^2 + 6 - 1$$
$$= 2x^2 + 5$$

(2) $(f \circ g)(2) = 2(2)^2 + 5 = 13$

(3) $(g \circ f)(x) = g(f(x)) = g(2x-1)$

$$\begin{aligned} &= (2x-1)^2 + 3 \\ &= 4x^2 - 4x + 1 + 3 \\ &= 4x^2 - 4x + 4 \end{aligned}$$

(4) $(g \circ f)(2) = 4(2)^2 - 4(2) + 4 = 12$

(1)번과 (3)번에서 알 수 있듯이 $(f \circ g)(x) \neq (g \circ f)(x)$이다.

예제 2.3.7

$f(x) = x^2$, $g(x) = x - 2$, $h(x) = 2x + 1$이라 하자. 다음을 구하시오.

(1) $h \circ (g \circ f)$ (2) $(h \circ g) \circ f$

풀이

(1) $h \circ (g \circ f)$

먼저 $(g \circ f)(x)$를 구하자.

$$\begin{aligned} (g \circ f)(x) &= g(f(x)) \\ &= g(x^2) \\ &= x^2 - 2 \end{aligned}$$

그러면 $(h \circ (g \circ f))(x) = h(g(f(x))$

$$\begin{aligned} &= h(x^2 - 2) \\ &= 2(x^2 - 2) + 1 \\ &= 2x^2 - 3 \end{aligned}$$

(2) $(h \circ g) \circ f$

먼저 $(h \circ g)(x)$를 구하자.

$$\begin{aligned} (h \circ g)(x) &= h(g(x)) \\ &= h(x-2) \\ &= 2(x-2) + 1 \\ &= 2x - 3 \end{aligned}$$

그러면

$$\begin{aligned} ((h \circ g) \circ f)(x) &= (h \circ g)(f(x) \\ &= 2f(x) - 3 \\ &= 2x^2 - 3 \end{aligned}$$

2.3 연습문제

1. 다음 함수가 일대일 함수인지 판단하고, 일대일 함수이면 그 역함수를 구하시오.

(1) $f(x)=3x-2$ (2) $y=\dfrac{2x+3}{x-1}$

(3) $f(x)=3x^2-2$ (4) $f(x)=x^3+5$

2. 함수 $f(x)=ax+b$에 대하여 $f^{-1}(3)=5$, $f^{-1}(2)=4$일 때, 상수 a, b의 값을 구하시오.

3. 함수 $f(x)=2x+3$의 그래프와 그 역함수 $y=f^{-1}(x)$의 그래프의 교점의 좌표를 구하시오.

4. 두 함수 $f(x)=x^2-2$, $g(x)=3x-1$에 대하여 $(f\circ g)(x)$과 $(f\circ g)(2)$를 각각 구하시오.

5. 세 함수 f, g, h에 대하여 $(h\circ g)(x)=-x+2$, $(h\circ(g\circ f))(x)=x^2+2x-3$일 때, $f(x)$을 구하시오.

6. 세 함수 $f(x)=x^2-3$, $g(x)=2x+1$, $h(x)=x+4$에 대하여 다음을 각각 구하시오

(1) $((h\circ g)\circ f)(x)$ (2) $(h\circ(g\circ f)(3)$

7. 두 함수 $f(x)=2x+1$, $g(x)=x-4$에 대하여 $(f\circ(f^{-1}\circ g^{-1})\circ f)(x)=ax+b$일 때, a, b의 값을 각각 구하시오.

3

삼각함수

3.1 육십분법과 호도법

정의 3.1.1 (60분법)

처음 변을 원래 위치와 일치할 때까지 시계 반대 방향으로 꼭 한 번 회전(1회전)함으로써 생기는 각을 **360도**라 한다.

$\frac{1}{360}$회전으로 생기는 각을 1°라 한다. 90°인 각 또는 $\frac{1}{4}$회전으로 생기는 각을 **직각**이라 하고, 180°또는 $\frac{1}{2}$회전으로 생기는 각을 **직선각**이라 한다.

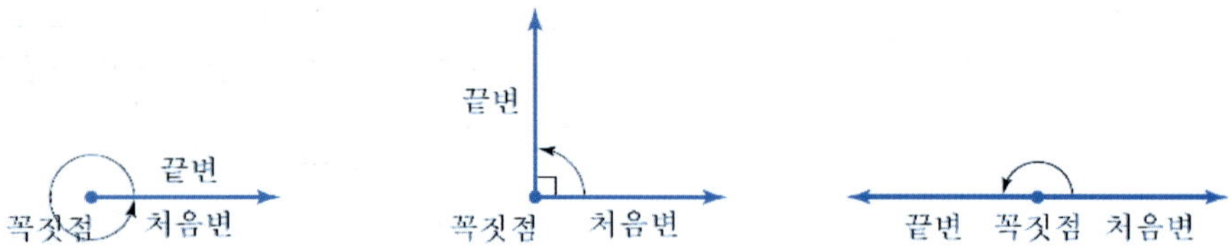

(a) 시계 반대 방향으로 1회전 360°　　(b) 직각, 시계 반대 방향으로 1/4회전 90°　　(c) 직선각, 시계 반대 방향으로 1/2회전 180°

예제 3.1.2

다음 각을 그리시오.

(1) 135°　　(2) 390°　　(3) -150°

풀이

(1)　(2)　(3)

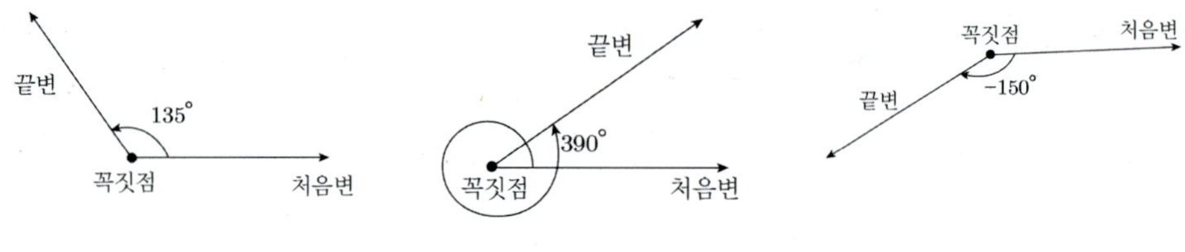

정의 3.1.3 (호도법)
중심각이란 꼭짓점이 원의 중심에 있는 각을 말한다. 중심각의 두 반직선은 원 위의 한 호를 만든다. 원의 반지름이 r 이고 중심각에 의하여 한계가 정해지는 호의 길이가 r 일 때, 그 중심각의 크기를 **1라디안**(radian)이라 한다.

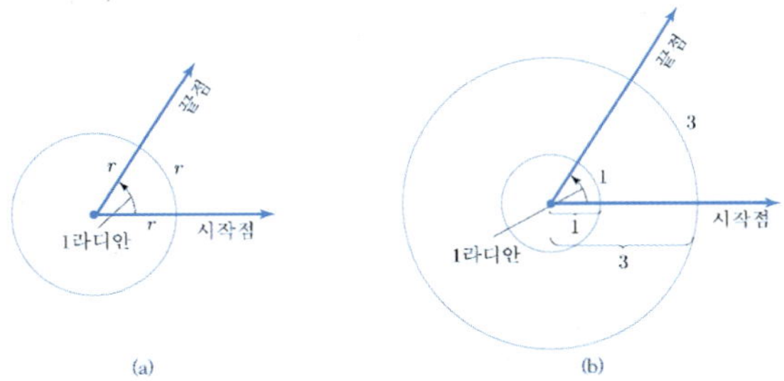

반지름이 1인 원에 대하여, 크기 1라디안을 갖는 중심각의 두 반직선은 길이가 1인 호의 한계를 정할 것이다. 반지름 3인 원에 대하여, 크기 1라디안을 갖는 중심각의 두 반직선은 길이가 3인 호의 한계를 정할 것이다.

원의 호의 길이

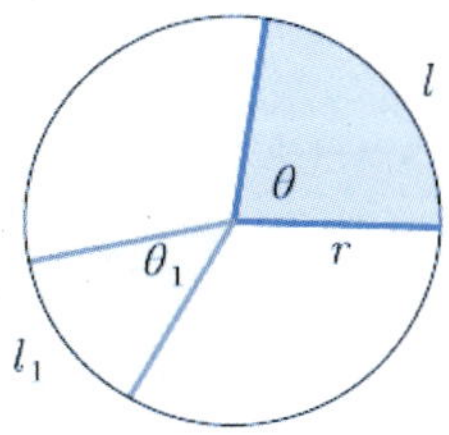

$$\frac{\theta}{\theta_1} = \frac{l}{l_1}$$

이제 반지름 r인 원과 호도법으로 측정된 두 중심각 θ와 θ_1을 생각하자. 이 중심각들은 각각 길이 l와 l_1인 호의 한계를 정한다고 가정한다. 중심각의 크기의 비는 대응하는 호의 길이의 비와 같다. 즉

$$\frac{\theta}{\theta_1} = \frac{l}{l_1}$$

이다. $\theta_1 = 1$라디안이라고 가정하자. 중심각 $\theta_1 = 1$라디안에 의하여 한계가 정해지는 호 l_1의 길이는 이 원의 반지름과 같다. 즉 $l_1 = r$ 이므로 $l = r\theta$ 이다.

정리 3.1.4

r은 원의 반지름, 중심각의 크기는 θ라디안이고 l은 중심각에 대응하는 호의 길이

라 하면 $l = r\theta$이다.

60분법과 호도법 사이의 관계

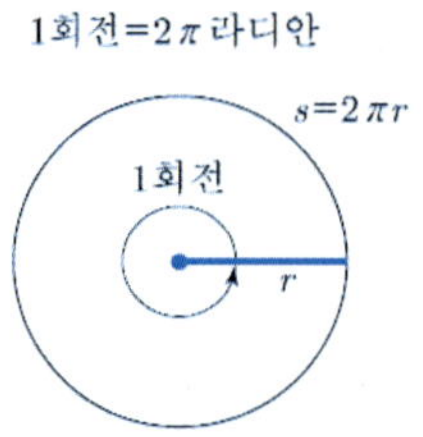

반지름이 r인 원을 생각하자. 1회전의 중심각은 원의 원둘레에 대응할 것이다. 이 호의 길이를 l이라 하면, 원둘레는 $2\pi r$ 이므로 $l = 2\pi r$ 이다. 그러므로

$$2\pi r = r\theta$$

$$\theta = 2\pi \text{ 라디안}$$

이다. 따라서 다음의 결과를 얻는다.

따름정리 3.1.5

1회전 $= 2\pi$ 라디안

1회전했을 때 60분법으로 측정된 각은 $360°$ 이므로, $360° = 2\pi$ 라디안임을 쉽게 알 수 있다. 따라서 다음의 결과를 쉽게 얻는다.

따름정리 3.1.6

$180° = \pi$ 라디안

특히, $1° = \frac{\pi}{180}$ 라디안, 1라디안 $= \frac{180}{\pi}$ $°$

예제 3.1.7

60분법의 각은 호도법으로 호도법의 각은 60분법으로 나타내시오.

(1) $120°$ (2) $-30°$ (3) $\frac{\pi}{2}$ 라디안 (4) $\frac{5\pi}{3}$ 라디안

풀이

(1) $120^\circ \cdot \dfrac{\pi \text{ 라디안}}{180^\circ} = \dfrac{2\pi}{3}$ 라디안

(2) $-30^\circ \cdot \dfrac{\pi \text{ 라디안}}{180^\circ} = -\dfrac{\pi}{6}$ 라디안

(3) $\dfrac{\pi}{2}$ 라디안 $\cdot \dfrac{180^\circ}{\pi \text{ 라디안}} = 90^\circ$

(4) $\dfrac{5\pi}{3}$ 라디안 $\cdot \dfrac{180^\circ}{\pi \text{ 라디안}} = 300^\circ$

보통 자주 쓰는 몇 개의 각들에 대하여 60분법의 각과 호도법의 각 사이의 관계를 다음 표에 열거하였다.

60분법의 각	0°	30°	45°	60°	90°	120°	135°	150°	180°
호도법의 각	0	$\frac{\pi}{6}$	$\frac{\pi}{4}$	$\frac{\pi}{3}$	$\frac{\pi}{2}$	$\frac{2\pi}{3}$	$\frac{3\pi}{4}$	$\frac{5\pi}{6}$	π
60분법의 각		210°	225°	240°	270°	300°	315°	330°	360°
호도법의 각		$\frac{7\pi}{6}$	$\frac{5\pi}{4}$	$\frac{4\pi}{3}$	$\frac{3\pi}{2}$	$\frac{5\pi}{3}$	$\frac{7\pi}{4}$	$\frac{11\pi}{6}$	2π

각이 60분법으로 측정될 때, 도를 나타내는 기호가 언제나 표시되어야 한다. 그러나 각이 호도법으로 측정될 때, 라디안 단어를 생략하고 쓰는 것이 보통이다.

3.1 연습문제

1. 다음 각을 그리시오.

(1) 225°　　　　(2) -330°

2. 60분법의 각은 호도법으로 호도법의 각은 60분법으로 나타내시오.

(1) 300°　　　　(2) $-\dfrac{7}{4}\pi$

3. l은 중심각 θ에 의하여 한계가 정해지는 반지름 r인 원의 호의 길이를 나타낸다.
$r=2cm$, $\theta=30^\circ$일 때, l을 구하시오.

3.2 삼각함수

정의 3.2.1

각 θ에 대하여, $P=(x,y)$는 원 $x^2+y^2=r^2$ 위에 있는 끝변 위의 점이라 하면

$$\sin\theta=\frac{y}{r},\qquad \cos\theta=\frac{x}{r},\qquad \tan\theta=\frac{y}{x}\ (x\neq 0)$$

$$\csc\theta=\frac{r}{y}(y\neq 0)\quad \sec\theta=\frac{r}{x}\ (x\neq 0)\quad \cot\theta=\frac{x}{y}(y\neq 0)$$ 이다.

예제 3.2.2

$(4,3)$이 각 θ의 끝변 위의 점이다. θ에 대하여 6개의 삼각함수의 값을 구하시오.

풀이

$(4,3)$은 반지름이 $r=\sqrt{4^2+3^2}=\sqrt{16+9}=5$이고 중심이 원점인 원 위의 점이다.
$(x,y)=(4,3)$이라 하면

$$\sin\theta=\frac{y}{r}=\frac{3}{5},\quad \cos\theta=\frac{x}{r}=\frac{4}{5},\quad \tan\theta=\frac{y}{x}=\frac{3}{4}$$

$$\csc\theta=\frac{r}{y}=\frac{5}{3},\quad \sec\theta=\frac{r}{x}=\frac{5}{4},\quad \cot\theta=\frac{x}{y}=\frac{4}{3}$$ 이다.

다음 표는 특수각에 대한 삼각함수 값을 나타낸다.

θ(라디안)	θ(도)	$\sin\theta$	$\cos\theta$	$\tan\theta$
$\frac{\pi}{6}$	30°	$\frac{1}{2}$	$\frac{\sqrt{3}}{2}$	$\frac{\sqrt{3}}{3}$
$\frac{\pi}{4}$	45°	$\frac{\sqrt{2}}{2}$	$\frac{\sqrt{2}}{2}$	1
$\frac{\pi}{3}$	60°	$\frac{\sqrt{3}}{2}$	$\frac{1}{2}$	$\sqrt{3}$

정리 3.2.3

임의의 실수 θ에 대하여

$$\tan\theta = \frac{\sin\theta}{\cos\theta}, \quad \csc\theta = \frac{1}{\sin\theta}, \quad \sec\theta = \frac{1}{\cos\theta}, \quad \cot\theta = \frac{1}{\tan\theta}$$

$\sin^2\theta + \cos^2\theta = 1$, $\tan^2\theta + 1 = \sec^2\theta$ 이다.

삼각함수의 부호

$P=(x,y)$는 각 θ에 대응하는 단위원 위의 점이라 하자. 점 P가 어느 사분면에 있다는 것을 알면, θ의 삼각함수의 부호를 결정할 수 있다. 예를 들어 그림에서 보는 것처럼 $P=(x,y)$가 4사분면에 있으면 $x>0$이고 $y<0$이다. 그러므로

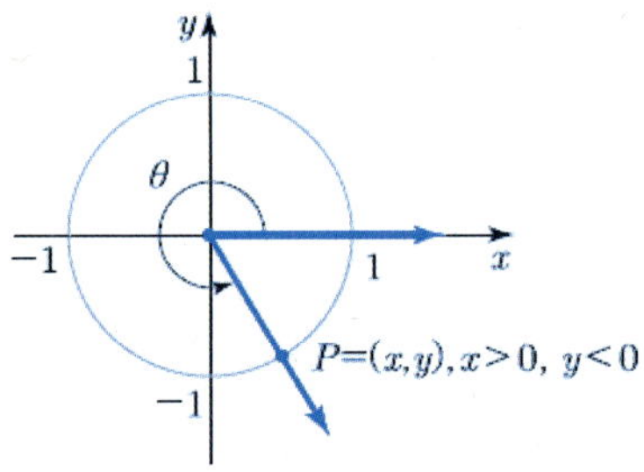

$\sin\theta = y < 0$, $\cos\theta = x > 0$, $\tan\theta = \dfrac{y}{x} < 0$ 이다.

사분면에서의 삼각함수의 부호

θ의 사분면	$\sin\theta$, $\csc\theta$	$\cos\theta$, $\sec\theta$	$\tan\theta$, $\cot\theta$
1	양	양	양
2	양	음	음
3	음	음	양
4	음	양	음

예제 3.2.4

$\cos\theta > 0$이고 $\sin\theta < 0$일 때, 각 θ는 어느 사분면에 있는지 구하시오.

풀이

$P=(x,y)$는 θ에 대응하는 단위원 위의 점이라 하면, $\cos\theta=x>0$이고 $\sin\theta=y<0$이다. 따라서 $P=(x,y)$는 4사분면에 있으므로 θ는 4사분면에 있다.

예제 3.2.5

$\sin\theta=\frac{3}{5}$ 이고 $\cos\theta<0$ 일 때, 나머지 삼각함수들의 값을 구하시오.

풀이

$P=(x,y)$는 θ에 대응하는 단위원 위의 점이라 하면 $\sin\theta=\frac{3}{5}$, $\cos\theta=x<0$이다. 따라서 점 $P(x,y)=\left(x,\frac{3}{5}\right)$은 2사분면에 있다. 그러므로

$$x^2+\left(\frac{3}{5}\right)^2=1$$

$$x=-\frac{4}{5}$$

$$\cos\theta=x=-\frac{4}{5}, \qquad \tan\theta=\frac{y}{x}=\frac{\frac{3}{5}}{\frac{-4}{5}}=-\frac{3}{4} \text{ 이다.}$$

정리 3.2.6 (삼각함수의 주기적 성질)

θ는 임의의 실수이고 n은 임의의 정수라 하면

$\sin(2\pi n+\theta)=\sin\theta$, $\cos(2\pi n+\theta)=\cos\theta$, $\tan(\pi n+\theta)=\tan\theta$

삼각함수의 주기

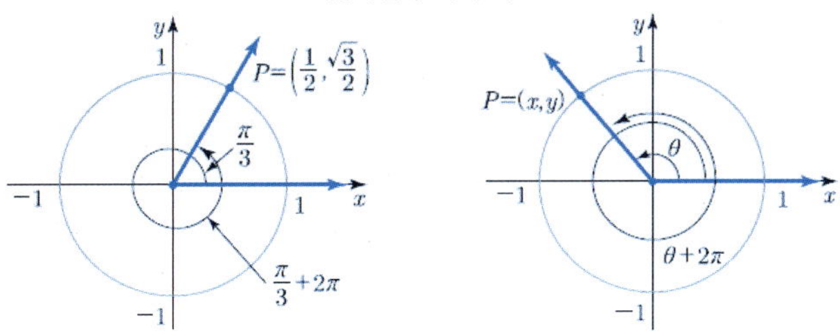

각 $\frac{\pi}{3}$라디안에 대하여, 단위원 위에 대응하는 점 P는 $\left(\frac{1}{2},\frac{\sqrt{3}}{2}\right)$이다. 각 $\frac{\pi}{3}+2\pi$라디안에 대응하는 점 P 역시 $\left(\frac{1}{2},\frac{\sqrt{3}}{2}\right)$ 이다.

정리 3.2.7 (삼각함수의 우함수·기함수 성질)

θ는 임의의 실수라 하면

$$\sin(-\theta)=-\sin\theta\ ,\ \cos(-\theta)=\cos\theta\ ,\ \tan(-\theta)=-\tan\theta \text{ 이다.}$$

$P=(x,y)$는 각 θ에 대응하는 단위원 위의 점이라 하자.

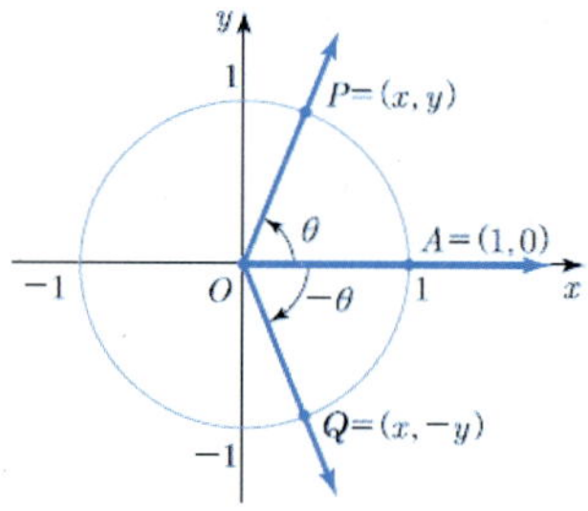

각 $-\theta$에 대응하는 단위원 위의 점 Q는 좌표 $(x-y)$를 갖는다. 따라서

$$\sin\theta=y,\quad \cos\theta=x,\quad \sin(-\theta)=-y,\quad \cos(-\theta)=x$$

이므로

$$\sin(-\theta)=-y=-\sin\theta,\quad \cos(-\theta)=x=\cos\theta$$

$$\tan(-\theta)=\frac{\sin(-\theta)}{\cos(-\theta)}=\frac{-\sin\theta}{\cos\theta}=-\tan\theta\text{이다.}$$

예제 3.2.8

다음 각각의 값을 구하시오.

(1) $\sin 390^\circ$ (2) $\tan\left(\frac{5}{4}\pi\right)$ (3) $\sin\left(-\frac{\pi}{3}\right)$ (4) $\cos\left(-\frac{\pi}{3}\right)$

풀이

(1) $\sin 390^\circ=\sin(360^\circ+30^\circ)=\sin 30^\circ=\frac{1}{2}$

(2) $\tan\left(\frac{5}{4}\pi\right)=\tan\left(\pi+\frac{\pi}{4}\right)=\tan\left(\frac{\pi}{4}\right)=1$

(3) $\sin\left(-\frac{\pi}{3}\right)=-\sin\left(\frac{\pi}{3}\right)=-\frac{\sqrt{3}}{2}$

(4) $\cos\left(-\frac{\pi}{3}\right)=\cos\left(\frac{\pi}{3}\right)=\frac{1}{2}$

정리 3.2.9 (π 회전에 따른 삼각함수의 변화)

각의 크기 θ에 대하여,

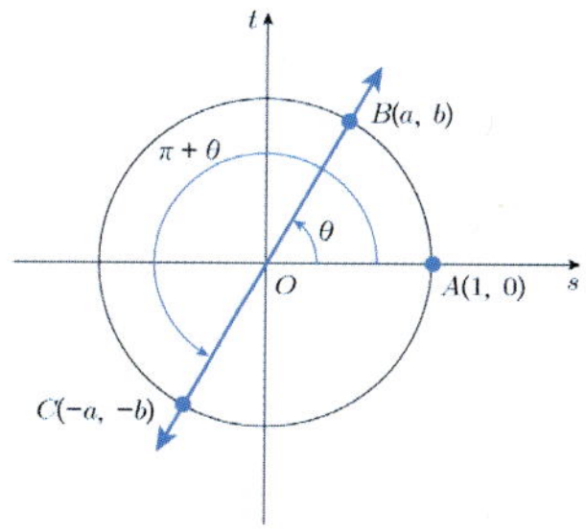

$$\sin(\pi+\theta)=-\sin\theta\,,\quad \cos(\pi+\theta)=-\cos\theta\,,\quad \tan(\pi+\theta)=\tan\theta$$

각의 크기 θ에 대한 단위원의 교점을 $B(a,b)$라 놓고 각의 크기 $\pi+\theta$에 대한 단위원의 교점을 C라고 놓으면 C의 좌표는 $(-a,-b)$이다.

그런데, $\cos\theta=a$이고, $\sin\theta=b$이므로

$$\cos(\pi+\theta)=-a=-\cos\theta\,,\quad \sin(\pi+\theta)=-b=-\sin\theta\,,$$

$$\tan(\pi+\theta)=\frac{-b}{-a}=\frac{b}{a}=\tan\theta$$ 이다.

예제 3.2.10

다음의 값을 구하시오.

(1) $\cos\left(\frac{3}{4}\pi\right)$ (2) $\sin 225^\circ$ (3) $\tan 240^\circ$

풀이

(1) $\cos\left(\frac{3}{4}\pi\right)=\cos\left(\pi-\frac{\pi}{4}\right)=-\cos\left(-\frac{\pi}{4}\right)=-\cos\left(\frac{\pi}{4}\right)=-\frac{\sqrt{2}}{2}$

(2) $\sin 225^\circ=\sin(180^\circ+45^\circ)=-\sin 45^\circ=-\frac{\sqrt{2}}{2}$

(3) $\tan 240^\circ=\tan(180^\circ+60^\circ)=\tan 60^\circ=\sqrt{3}$

정리 3.2.11 ($\frac{\pi}{2}$ 회전에 따른 삼각함수의 변화)

각의 크기 θ에 대하여,

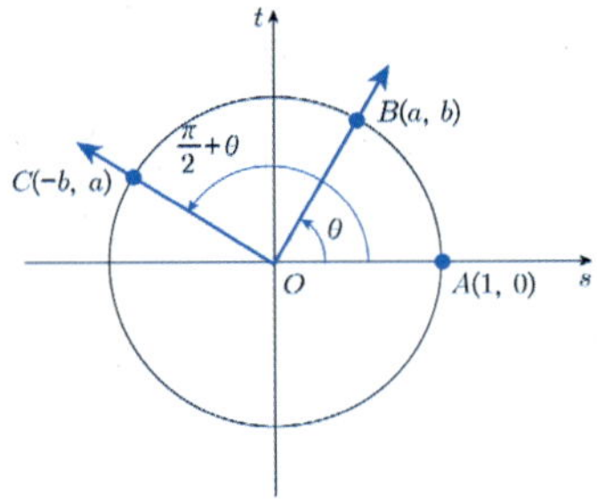

$$\cos\left(\frac{\pi}{2}+\theta\right)=-\sin\theta,\quad \sin\left(\frac{\pi}{2}+\theta\right)=\cos\theta,\quad \tan\left(\frac{\pi}{2}+\theta\right)=-\cot\theta$$ 이다.

각의 크기 θ에 대한 단위원의 교점을 $B(a,b)$라고 놓고 각의 크기 $\frac{\pi}{2}+\theta$에 대한 단위원의 교점을 C라고 놓으면 C의 좌표는 $(-b,a)$이다.

그런데, $\cos\theta=a$이고, $\sin\theta=b$ 이므로

$$\cos\left(\frac{\pi}{2}+\theta\right)=-b=-\sin\theta,\quad \sin\left(\frac{\pi}{2}+\theta\right)=a=\cos\theta$$

$$\tan\left(\frac{\pi}{2}+\theta\right)=\frac{a}{-b}=-\cot\theta$$ 이다.

예제 3.2.12

다음을 계산하시오.

(1) $\sin 120^\circ$ (2) $\cos 150^\circ$ (3) $\tan 135^\circ$

풀이

(1) $\sin 120^\circ=\sin(90^\circ+30^\circ)=\cos(30^\circ)=\frac{\sqrt{3}}{2}$

(2) $\cos 150^\circ=\cos(90^\circ+60^\circ)=-\sin 60^\circ=-\frac{\sqrt{3}}{2}$

(3) $\tan 135^\circ=\tan(90^\circ+45^\circ)=-\cot(45^\circ)=-1$

사인함수는 주기 2π를 가지므로, 구간 $[0,2\pi]$에서만 $y=\sin x$의 그래프를 그린다. 사인함수 그래프의 나머지는 이 부분의 반복으로 $y=\sin x$ 이루어진다.

x	$y=\sin x$	(x,y)	x	$y=\sin x$	(x,y)
0	0	$(0, 0)$	$\frac{7\pi}{6}$	$-\frac{1}{2}$	$\left(\frac{7\pi}{6}, -\frac{1}{2}\right)$
$\frac{\pi}{6}$	$\frac{1}{2}$	$\left(\frac{\pi}{6}, \frac{1}{2}\right)$	$\frac{3\pi}{2}$	-1	$\left(\frac{3\pi}{2}, -1\right)$
$\frac{\pi}{2}$	1	$\left(\frac{\pi}{2}, 1\right)$			
$\frac{5\pi}{6}$	$\frac{1}{2}$	$\left(\frac{5\pi}{6}, \frac{1}{2}\right)$	$\frac{11\pi}{6}$	$-\frac{1}{2}$	$\left(\frac{11\pi}{6}, -\frac{1}{2}\right)$
π	0	$(\pi, 0)$	2π	0	$(2\pi, 0)$

위 표에 열거된 점들의 위치를 정하고 매끄러운 곡선으로 이들을 연결하면 아래의 그래프를 얻는다.

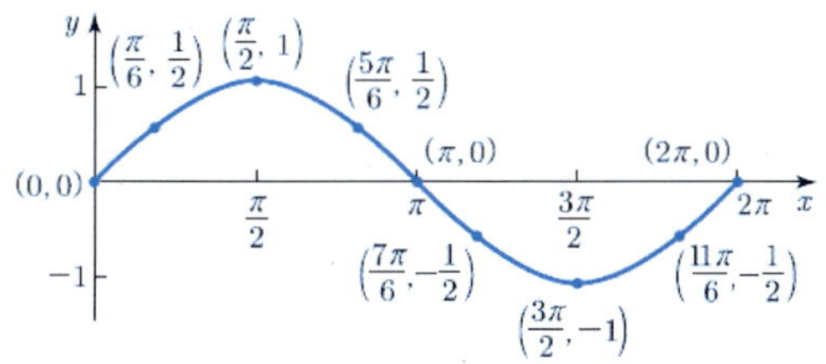

$y=\sin x$의 완전한 그래프를 얻기 위하여 위 그래프를 각 방향에서 이 주기를 반복한다.

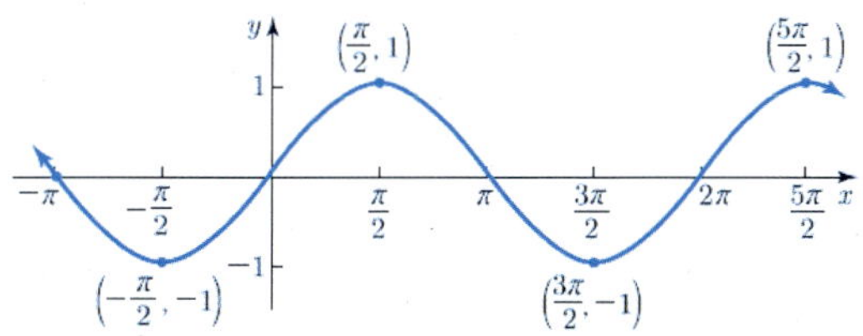

정리 3.2.13 (사인함수의 성질)

(1) 정의역 : 실수전체

(2) 치역 : $[-1,1]$

(3) 그래프는 원점에 관하여 대칭이다. 즉, 사인함수는 기함수이다.

(4) 사인함수는 주기 2π를 갖는 주기함수이다.

예제 3.2.14

$y = \sin x$의 그래프를 사용하여 $y = \sin\left(x - \dfrac{\pi}{4}\right)$의 그래프를 그리시오.

풀이

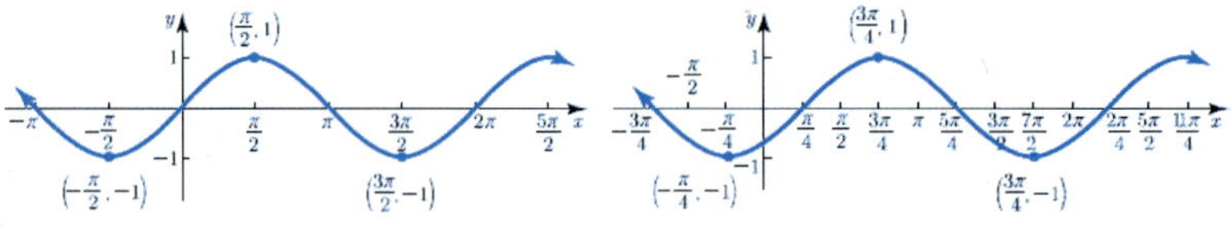

(a) $y=\sin x$ → (b) $y=\sin\left(x-\frac{\pi}{4}\right)$

x 대신에 $x-\frac{\pi}{4}$로 바꾼다.

$\frac{\pi}{4}$단위 오른쪽으로 가로이동한다.

예제 3.2.15

$y = \sin x$의 그래프를 사용하여 $y = -\sin x + 2$의 그래프를 그리시오.

풀이

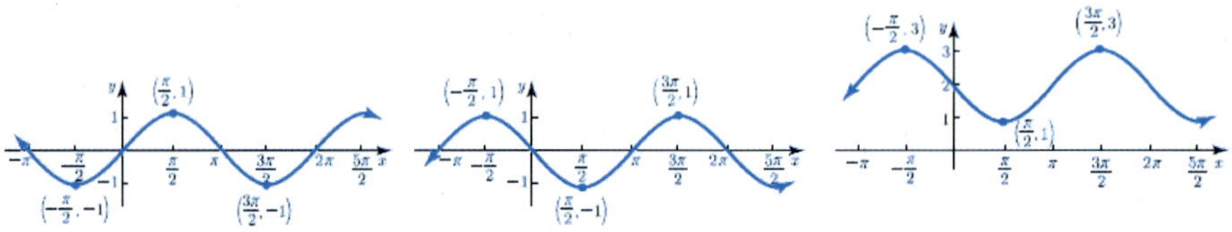

(a) $y=\sin x$ → (b) $y=-\sin x$ → (c) $y=-\sin x+2$

-1배를 한다:
x축에 대하여 대칭이동한다.

2를 더한다:
2단위 위로 세로이동한다.

코사인함수 역시 주기 2π를 갖는다. 구간 $[0, 2\pi]$에서만 $y = \cos x$의 그래프를 그린다. 코사인함수 그래프의 나머지는 이 부분의 반복으로 $y = \cos x$가루어진다.

x	$y=\cos x$	(x, y)
0	1	$(0, 1)$
$\frac{\pi}{3}$	$\frac{1}{2}$	$\left(\frac{\pi}{3}, \frac{1}{2}\right)$
$\frac{\pi}{2}$	0	$\left(\frac{\pi}{2}, 0\right)$
$\frac{2\pi}{3}$	$-\frac{1}{2}$	$\left(\frac{2\pi}{3}, -\frac{1}{2}\right)$
π	-1	$(\pi, -1)$

x	$y=\cos x$	(x, y)
$\frac{4\pi}{3}$	$-\frac{1}{2}$	$\left(\frac{4\pi}{3}, -\frac{1}{2}\right)$
$\frac{3\pi}{2}$	0	$\left(\frac{3\pi}{2}, 0\right)$
$\frac{5\pi}{3}$	$\frac{1}{2}$	$\left(\frac{5\pi}{3}, \frac{1}{2}\right)$
2π	1	$(2\pi, 1)$

위 표에 열거된 점들의 위치를 정하고 매끄러운 곡선으로 이들을 연결하면 아래의 그래프를 얻는다.

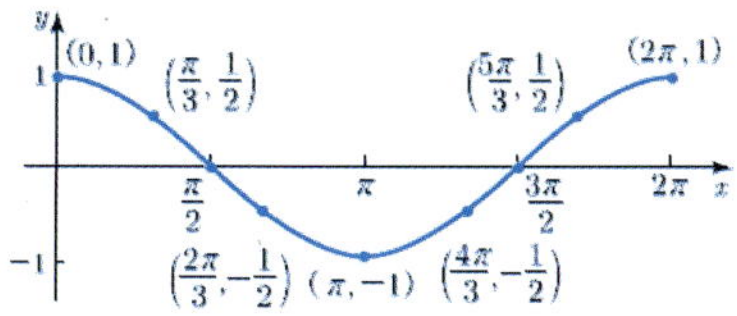

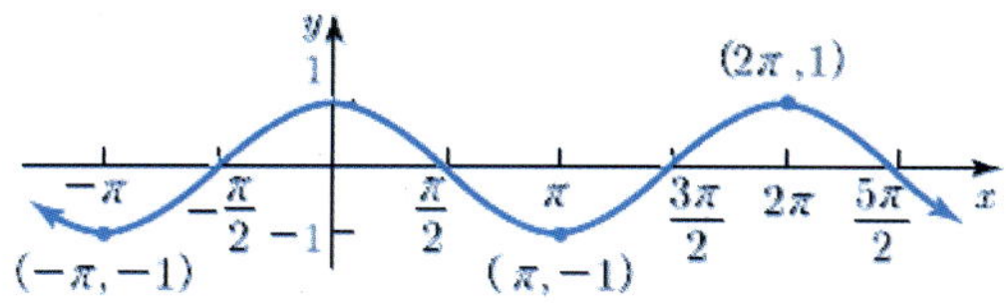

$y = \cos x$의 완전한 그래프를 얻기 위하여 위 그래프를 각 방향에서 이 주기를 반복한다.

정리 3.2.16 (코사인함수의 성질)

(1) 정의역 : 실수전체

(2) 치역 : $[-1,1]$

(3) 그래프는 y축에 관하여 대칭이다. 즉, 코사인함수는 우함수이다.

(4) 코사인함수는 주기 2π를 갖는 주기함수이다.

예제 3.2.17

$y = \cos x$의 그래프를 사용하여 $y = \cos(3x)$의 그래프를 그리시오.

풀이

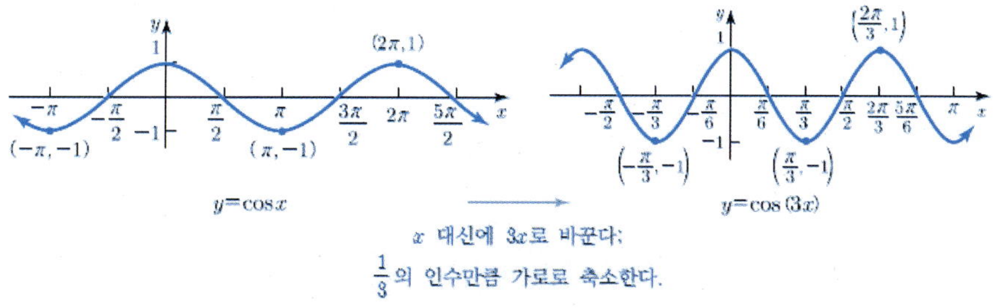

정리 3.2.18

$y = a\sin(bx)$와 $y = a\cos(bx)$를 생각하면

$$\text{진폭} = |a|, \ \text{주기} = \frac{2\pi}{|b|}$$

탄젠트함수는 주기 π를 갖기 때문에 길이가 π인 어떤 구간에서만 그래프를 결정하면 된다. 그래프의 나머지는 이 부부의 반복으로 이루어진다. 탄젠트함수

는 $\cdots, -\frac{3}{2}\pi, -\frac{\pi}{2}, \frac{\pi}{2}, \frac{3}{2}\pi, \cdots$에서 정의되지 않기 때문에 길이가 π인 구간 $\left(-\frac{\pi}{2}, \frac{\pi}{2}\right)$에 집중하여 $y=\tan x\left(-\frac{\pi}{2}<x<\frac{\pi}{2}\right)$의 그래프 위에 있는 몇 개의 점을 표로 작성하고 표에 있는 점들의 위치를 정하고 매끄러운 곡선으로 연결한다.

x	$y=\tan x$	(x,y)
$-\frac{\pi}{3}$	$-\sqrt{3}$	$\left(-\frac{\pi}{3}, -\sqrt{3}\right)$
$-\frac{\pi}{4}$	-1	$\left(-\frac{\pi}{4}, -1\right)$
$-\frac{\pi}{6}$	$-\frac{\sqrt{3}}{3}$	$\left(-\frac{\pi}{6}, -\frac{\sqrt{3}}{3}\right)$
0	0	(0, 0)
$\frac{\pi}{6}$	$\frac{\sqrt{3}}{3}$	$\left(\frac{\pi}{6}, \frac{\sqrt{3}}{3}\right)$
$\frac{\pi}{4}$	1	$\left(\frac{\pi}{4}, 1\right)$
$\frac{\pi}{3}$	$\sqrt{3}$	$\left(\frac{\pi}{3}, \sqrt{3}\right)$

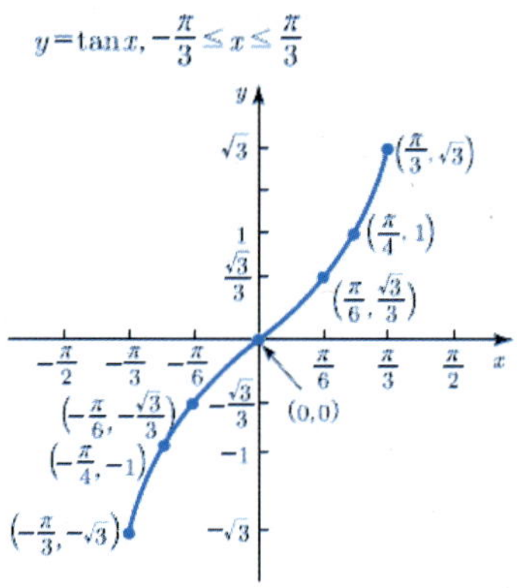

$\tan x = \frac{\sin x}{\cos x}$ 이므로 $\frac{\pi}{2}$보다 작은 값을 유지하면서 x가 $\frac{\pi}{2}$의 근처에 있으면, $\sin x$는 1근처이고 $\cos x$는 양이고 0 근처일 것이다. 따라서 $\frac{\sin x}{\cos x}$는 큰 양수가 될 것이다. $-\frac{\pi}{2}$보다 큰 값을 유지하면서 x가 $-\frac{\pi}{2}$에 가까우면, $\sin x$는 -1에 가깝고 $\cos x$는 양이고 0에 가까울 것이다. 따라서 $\frac{\sin x}{\cos x}$는 작은 음수가 될 것이다. 따라서 $y=\tan x$의 그래프는 다음과 같다.

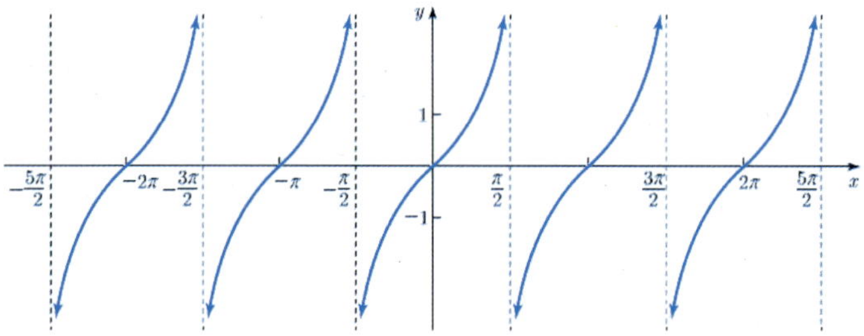

정리 3.2.18 (탄젠트함수의 성질)

(1) 정의역 $=\left\{x\in R: x\neq\frac{(2n+1)\pi}{2}, n\in Z\right\}$

(2) 치역 : 실수전체

(3) 탄젠트함수의 그래프는 원점에 관하여 대칭이다. 즉, 탄젠트함수는 기함수이다.

(4) 탄젠트함수는 주기 π를 갖는 주기함수이다.

연습문제 3.2

1. $(5, -12)$이 각 θ의 끝변 위의 점일 때, 다음 식의 값을 구하시오.

(1) $\sin\theta - \cos\theta$ (2) $\tan^2\theta - \sec^2\theta$

2. $\cos\theta = \dfrac{3}{5}$ 일 때, $\dfrac{1}{\sin\theta} + \dfrac{1}{\tan\theta}$의 값을 구하시오.(단, $\dfrac{3}{2}\pi < \theta < 2\pi$)

3. 다음 함수의 그래프를 그리고, 최댓값, 최솟값, 주기를 각각 구하시오.

(1) $y = 3\sin(2x - \dfrac{\pi}{3})$ (2) $y = 2\cos(\dfrac{1}{2}x - \pi) + 1$ (3) $y = \dfrac{1}{3}\tan(2x - \dfrac{\pi}{2})$

4. $\tan\left(\dfrac{7}{4}\pi\right) + \cos\left(-\dfrac{16}{3}\pi\right) + \sin(420^\circ)$의 값을 구하시오.

5. 다음 값을 구하시오.

(1) $\sin^2 1^\circ + \sin^2 2^\circ + \sin^2 3^\circ + \cdots + \sin^2 89^\circ + \sin^2 90^\circ$

(2) $\tan 1^\circ \times \tan 2^\circ \times \tan 3^\circ \times \cdots \tan 88^\circ \times \tan 89^\circ$

6. $y = f(x) = \sin x$의 역함수의 방정식은 $y = f^{-1}(x) = \sin^{-1}x = \arcsin x$로 쓴다.

$$y = \sin^{-1}x \Leftrightarrow x = \sin y$$

여기서 $-1 \le x \le 1$이고 $-\frac{\pi}{2} < y < \frac{\pi}{2}$이다. 다음과 같이 역사인함수를 정의 할 때 $\sin^{-1}1$, $\sin^{-1}\left(\dfrac{1}{2}\right)$ 값을 구하시오.

7. 6번과 같이 $\cos x$와 $\tan x$의 역함수를 정의할 수 있고, 이를 이용하여 다음의 값을 구하시오.

(1) $\cos^{-1}0$ (2) $\cos^{-1}\dfrac{1}{\sqrt{2}}$ (3) $\tan^{-1}(-\sqrt{3})$ (4) $\sin^{-1}\left(\sin\dfrac{5}{4}\pi\right)$

(5) $\cos^{-1}\left(\cos\dfrac{\pi}{12}\right)$ (6) $\sin\left(\tan^{-1}\dfrac{1}{2}\right)$

4

지수함수와 로그함수

4.1 지수함수

정의 4.1.1 (거듭제곱)

a는 실수이고 n은 양의 정수일 때, 기호 a^n은 인수 a를 n번 곱한다는 것을 나타낸다.
즉

$$a^n = \underbrace{a \cdot a \cdots a}_{\text{인수가 } n\text{개}}$$

여기서 $a^1 = a$로 생각하고 $a^2 = a \cdot a$이며 a의 제곱이라 하고 $a^3 = a \cdot a \cdot a$이며 a의 세제곱이라고 한다. 식 a^n에서 a를 **밑**(base), n을 **지수**(exponent, 또는 power)라 한다. a^n을 "a를 n제곱한다" 또는 "a의 n제곱"이라고 읽는다. a의 제곱, 세제곱 등을 통틀어 a의 **거듭제곱**이라 한다.

예제 4.1.2

다음을 계산하시오

(1) 2^3 (2) -3^4

(3) $(-3)^4$ (4) 4^3

풀이

(1) $2^3 = 2 \cdot 2 \cdot 2 = 8$

(2) $-3^4 = -(3 \cdot 3 \cdot 3 \cdot 3) = -81$

(3) $(-3)^4 = (-3) \cdot (-3) \cdot (-3) \cdot (-3) = 81$

(4) $4^3 = 4 \cdot 4 \cdot 4 = 64$

정리 4.1.3 (자연수 지수에 대한 지수법칙)

a와 b는 임의의 실수이고 m과 n은 임의의 자연수라 하자. 그러면 다음이 성립한다.

(1) $a^m a^n = a^{m+n}$, $\dfrac{a^n}{a^m} = a^{n-m}$ (단, $m < n$이고 $a \neq 0$),

(2) $(ab)^n = a^n b^n$, $\left(\dfrac{a}{b}\right)^n = \dfrac{a^n}{b^n}$ (단, $b \neq 0$),

(3) $(a^n)^m = a^{nm}$ 이다.

정의 4.1.4 (0의 지수와 음의정수의 지수)

a는 $a \neq 0$인 임의의 실수이고 n은 임의의 양의 정수라 하자. a^0과 a^{-n}은 각각 다음과 같이 정의한다.

$$a^0 = 1, \qquad a^{-n} = \frac{1}{a^n}$$

정의 4.1.4에 의하여 기호 a^n은 임의의 정수 n에 대하여 정의될 수 있음을 알 수 있다.

정리 4.1.5 (정수지수에 대한 지수법칙)

a와 b는 임의의 실수이고 m과 n은 임의의 정수라 하자. 그러면 다음이 성립한다.

(1) $a^m a^n = a^{m+n}, \qquad \dfrac{a^n}{a^m} = a^{n-m} \quad (단, a \neq 0)$

(2) $(ab)^n = a^n b^n, \qquad \left(\dfrac{a}{b}\right)^n = \dfrac{a^n}{b^n} \quad (단, b \neq 0),$

(3) $(a^n)^m = a^{nm}$

예제 4.1.6

각 식을 간단히 하되 모든 지수가 양이 되도록 하시오.

(1) $\dfrac{x^7 y^{-2}}{x^2 y^4}, \qquad x \neq 0, \ y \neq 0$

(2) $\left(\dfrac{x^{-5}}{2y^{-2}}\right)^{-2}, \qquad x \neq 0, \ y \neq 0$

풀이

(1) $\dfrac{x^7 y^{-2}}{x^2 y^4} = \dfrac{x^7}{x^2} \cdot \dfrac{y^{-2}}{y^4} = x^{7-2} \cdot y^{-2-4} = x^5 y^{-6} = x^5 \dfrac{1}{y^6} = \dfrac{x^5}{y^6}$

(2) $\left(\dfrac{x^{-5}}{2y^{-2}}\right)^{-2} = \dfrac{(x^{-5})^{-2}}{(2y^{-2})^{-2}} = \dfrac{x^{10}}{2^{-2}(y^{-2})^{-2}} = \dfrac{x^{10}}{\frac{1}{4}y^4} = \dfrac{4x^{10}}{y^4}$

정의 4.1.7 (제곱근)

음이 아닌 실수 a에 대하여 어떤 실수 x를 곱하여 a가 될때, 즉 $x^2 = a$일 때, x를 a의 제곱근이라고 한다. 제곱근은 기호 $\sqrt{}$ (근호)를 사용해서 나타내고, 이것을 **제곱근** 또는 **루트**라고 읽는다. 양의 실수 a의 제곱근 중 양수인 것을 **양의 제곱근**($\sqrt{a}$) 또는 **주제곱근** 이라 하고 음수인 것을 **음의 제곱근** ($-\sqrt{a}$)이라고 한다.

주의

(1) 음수는 (실수체계에서) 제곱근을 갖지 않는다. 왜냐하면 임의의 실수의 제곱은 음이 아닌 수이기 때문이다. 예를 들어 $\sqrt{-16}$은 실수가 아니다. 왜냐하면 제곱이 -16이 되는 실수는 존재하지 않기 때문이다.

(2) $0^2 = 0$이므로, 0의 주제곱근은 0이다. 즉, $\sqrt{0} = 0$이다.

(3) 양수의 주제곱근은 양이다.

(4) $c \geq 0$이면, $(\sqrt{c})^2 = c$이다. 예를들어 $(\sqrt{2})^2 = 2$이고 $(\sqrt{5})^2 = 5$이다.

예제 4.1.8 (제곱근의 값 구하기)

다음 값을 구하시오

(1) $\sqrt{81}$

(2) $\sqrt{\dfrac{1}{64}}$

(3) $-\sqrt{16}$

(4) $(\sqrt{2.5})^2$

(5) $\sqrt{(-2)^2}$

풀이

(1) $81 = 9^2$이므로 $\sqrt{81} = 9$

(2) $\dfrac{1}{64} = \left(\dfrac{1}{8}\right)^2$ 이므로 $\sqrt{\dfrac{1}{64}} = \dfrac{1}{8}$이다.

(3) $-\sqrt{16}$은 16의 음의 제곱근이다. 따라서 $-\sqrt{16} = -4$ 이다.

(4) $\sqrt{2.5}$는 2.5의 양의 제곱근이므로 $(\sqrt{2.5})^2 = 2.5$ 이다.

(5) $\sqrt{(-2)^2} = \sqrt{4} = 2$이다.

정의 4.1.9 (거듭제곱근)

실수 a에 대하여, n이 2이상의 자연수일 때 n제곱하여 a가 되는 수, 즉 방정식 $x^n = a$의 근 x를 a의 n**제곱근**이라 한다. 이때 실수 a의 제곱근, 세제곱근, 네제곱근, …을 통틀어 a의 **거듭제곱근**이라 한다.

정리 4.1.10 (실수 a의 n제곱근 중 실수)

실수 a와 자연수 $n(n \geq 2)$에 대하여

(1) n이 홀수일 때

a의 n제곱근 중 실수인 것은 1개 $(\sqrt[n]{a})$ 존재한다.

(2) n이 짝수일 때

(a) $a > 0$이면 a의 n제곱근 중 실수인 것은 2개 $(\sqrt[n]{a}, -\sqrt[n]{a})$ 존재한다.

여기서 $\sqrt[n]{a}$를 a의 주n제곱근 이라고도 한다.

(b) $a = 0$이면 a의 n제곱근 중 실수인 것은 $0(\sqrt[n]{0})$ 하나뿐이다.

(c) $a < 0$이면 a의 n제곱근 중 실수인 것은 존재하지 않는다.

실수 a의 n제곱근 중 실수인 것은 방정식 $x^n = a$의 실근이므로 함수 $y = x^n$의 그래프와 직선 $y = a$의 교점의 x좌표와 같다.

(1) n이 홀수이면, 그림 4.1에서와 같이 실수 a의 n제곱근인 실수는 오직 하나뿐이며 이것을 $\sqrt[n]{a}$로 나타낸다.

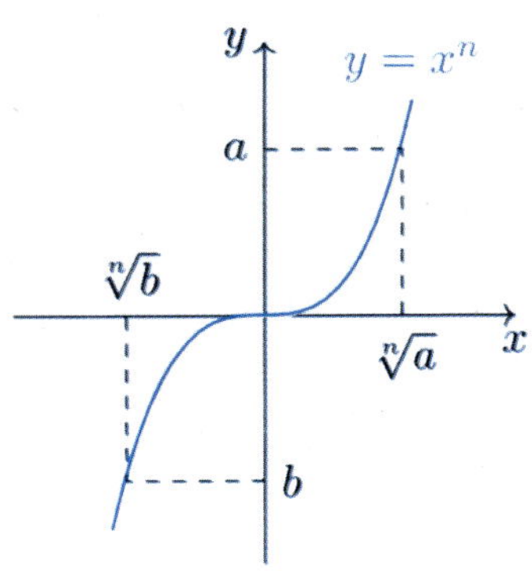

그림 4.1 홀수 n에 대한 방정식 $x^n = a$의 실근 $\sqrt[n]{a}$

(2) 자연수 n이 짝수일 때는, 그림 4.2에서와 같이

(a) $a>0$이면 교점이 2개이고, 교점의 x좌표는 각각 양수와 음수이므로 a의 n제곱근 중에서 실수인 것은 각각 $\sqrt[n]{a}$, $-\sqrt[n]{a}$로 나타낸다.

(b) $a=0$이면 교점이 1개이고, 교점의 좌표는 0이므로 a의 n제곱근 중에서 실수인 것은 0 하나뿐이다. 즉 $\sqrt[n]{0}=0$이다.

(c) $a<0$이면 교점이 없으므로 a의 n제곱근 중에서 실수인 것은 없다.

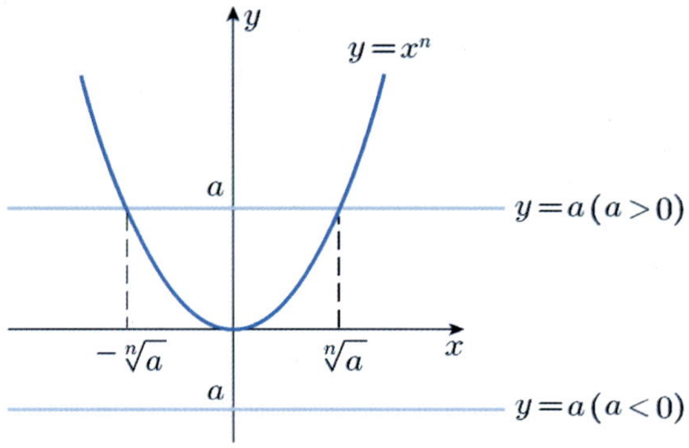

그림 4.2 짝수 n에 대한 방정식 $x^n=a$의 실근

예제 4.1.11

다음을 구하시오

(1) $\sqrt[3]{27}$

(2) $\sqrt[3]{-8}$

(3) $\sqrt[4]{\frac{1}{81}}$

(4) $-\sqrt[4]{\frac{4}{81}}$

(5) $\sqrt[6]{(-3)^6}$

풀이

(1) 27의 세제곱근은 방정식 $x^3-27=0$의 근이다. 그런데

$$x^3-27=(x-3)(x^2+3x+9)$$

이므로 $x^3-27=0$ 의 근 중에서 실수인 것은 3뿐이다. 따라서 $\sqrt[3]{27}=3$ 이다.

(2) -8의 세제곱근은 방정식 $x^3+8=0$ 의 근이다. 그런데

$$x^3+8=(x+2)(x^2-2x+4)$$

이므로 $x^3+8=0$의 근 중에서 실수인 것은 -2뿐이다. 따라서 $\sqrt[3]{-8}=-2$이다.

(3) $\frac{1}{81}$의 네제곱근은 방정식 $x^4 - \frac{1}{81} = 0$의 근이다. 그런데

$$x^4 - \frac{1}{81} = \left(x^2 + \frac{1}{9}\right)\left(x + \frac{1}{3}\right)\left(x - \frac{1}{3}\right)$$

이므로 $x^4 - \frac{1}{81} = 0$의 근 중에서 실수인 것은 $\frac{1}{3}$과 $-\frac{1}{3}$이다. 따라서 $\sqrt[4]{\frac{1}{81}}$은 $\frac{1}{81}$의 네제곱근 중에서 양의 실수이므로 $\sqrt[4]{\frac{1}{81}} = \sqrt[4]{\left(\frac{1}{3}\right)^4} = \frac{1}{3}$

(4) $\sqrt[4]{\frac{1}{81}}$은 $\frac{1}{81}$의 네제곱근 중에서 음의 실수이므로 $-\sqrt[4]{\frac{1}{81}} = -\sqrt[4]{\left(\frac{1}{3}\right)^4} = -\frac{1}{3}$이다.

(5) $(-3)^6 = 3^6$ 이므로 $\sqrt[6]{(-3)^6} = \sqrt[6]{3^6}$이다. 3^6의 6제곱근은 방정식 $x^6 - 3^6 = 0$의 근이므로 3^6의 6제곱근 중에서 양의 실수인 $\sqrt[6]{3^6} = 3$ 이다. 따라서 $\sqrt[6]{(-3)^6} = \sqrt[6]{3^6} = 3$ 이다.

정리 4.1.12 (근호의 성질)

$n(\geq 2)$과 $m(\geq 2)$은 양의 정수, a와 b는 임의의 실수이고 모든 n제곱근이 정의 된다고 가정하자. 그러면 다음이 성립한다.

(1) $\left(\sqrt[n]{a}\right)^n = a$

(2) $\sqrt[n]{ab} = \sqrt[n]{a}\,\sqrt[n]{b}$

(3) $\sqrt[n]{\frac{a}{b}} = \frac{\sqrt[n]{a}}{\sqrt[n]{b}}$

(4) $\sqrt[n]{a^m} = \left(\sqrt[n]{a}\right)^m$

(5) $\sqrt[m]{\sqrt[n]{a}} = \sqrt[mn]{a}$

증명

$a > 0, b > 0$ 이고 m, n 이 2 이상의 자연수일 때

(1) $\sqrt[n]{a}$는 a의 n제곱근 중에서 양의 실수이므로 $\left(\sqrt[n]{a}\right)^n = a$이다.

(2) 지수법칙에 의하여 $\left(\sqrt[n]{a}\,\sqrt[n]{b}\right)^n = \left(\sqrt[n]{a}\right)^n\left(\sqrt[n]{b}\right)^n = ab$. 이때 $a > 0, b > 0$에서 $\sqrt[n]{a} > 0$, $\sqrt[n]{b} > 0$ 이므로 $\sqrt[n]{a}\,\sqrt[n]{b} > 0$. 따라서 $\sqrt[n]{a}\,\sqrt[n]{b}$는 ab의 n제곱근 중에서 양의 실수이므로 $\sqrt[n]{a}\,\sqrt[n]{b} = \sqrt[n]{ab}$ 이다.

(3) 지수법칙에 의하여 $\left(\frac{\sqrt[n]{a}}{\sqrt[n]{b}}\right)^n = \frac{(\sqrt[n]{a})^n}{(\sqrt[n]{b})^n} = \frac{a}{b}$. 이때 $a > 0, b > 0$에서 $\sqrt[n]{a} > 0$, $\sqrt[n]{b} > 0$이므로 $\frac{\sqrt[n]{a}}{\sqrt[n]{b}} > 0$. 따라서 $\frac{\sqrt[n]{a}}{\sqrt[n]{b}}$는 $\frac{a}{b}$의 n제곱근 중에서 양의 실수이므로 $\frac{\sqrt[n]{a}}{\sqrt[n]{b}} = \sqrt[n]{\frac{a}{b}}$ 이다.

(4) 지수법칙에 의하여 $\{(\sqrt[n]{a})^m\}^n = (\sqrt[n]{a})^{mn} = \{(\sqrt[n]{a})^n\}^m = a^m$ 이다. 이때 $a > 0$ 에서 $\sqrt[n]{a} > 0$ 이므로 $(\sqrt[n]{a})^m > 0$. 따라서 $(\sqrt[n]{a})^m$은 a^m의 n제곱근 중에서 양의 실수이므로 $(\sqrt[n]{a})^m = \sqrt[n]{a^m}$ 이다.

(5) 지수법칙에 의하여 $(\sqrt[m]{\sqrt[n]{a}})^{mn} = (\sqrt[n]{a})^n = a$ 이고 $\sqrt[m]{\sqrt[n]{a}} > 0$ 이므로 $\sqrt[m]{\sqrt[n]{a}} = \sqrt[mn]{a}$ 이다.

예제 4.1.13

근호의 성질을 이용하여 다음 식을 간단히 하시오.

(1) $\sqrt[3]{2}\ \sqrt[3]{4}$　　(2) $\dfrac{\sqrt[4]{2}}{\sqrt[4]{162}}$

(3) $\sqrt[3]{8^2}$　　(4) $\sqrt[3]{\sqrt{64}}$

풀이

(1) $\sqrt[3]{2}\ \sqrt[3]{4} = \sqrt[3]{2 \cdot 4} = \sqrt[3]{8} = \sqrt[3]{2^3} = 2$

(2) $\dfrac{\sqrt[4]{2}}{\sqrt[4]{162}} = \sqrt[4]{\dfrac{2}{162}} = \sqrt[4]{\dfrac{1}{81}} = \sqrt[4]{\left(\dfrac{1}{3}\right)^4} = \dfrac{1}{3}$

(3) $\sqrt[3]{8^2} = (\sqrt[3]{8})^2 = (\sqrt[3]{2^3})^2 = 2^2 = 4$

(4) $\sqrt[3]{\sqrt{64}} = \sqrt[6]{64} = \sqrt[6]{2^6} = 2$

거듭제곱을 간단히 하기

근호가 있는 식을 다룰 때, "간단히 한다"는 뜻은 거듭제곱근 안에 있는 수 또는 식을 소인수 분해한 후에 거듭제곱근 없이 나타내는 것을 의미한다. 거듭제곱근을 간단히 하기 위하여 어떻게 적용되는지를 몇 가지 예제로 알아보자.

예제 4.1.14

다음 식을 간단히 하시오

(1) $\sqrt{32}$　　(2) $\sqrt[3]{81}$

(3) $\sqrt[3]{-16x^4}$

풀이

(1) $\sqrt{32}=\sqrt{16\cdot 2}=\sqrt{16}\cdot\sqrt{2}=4\sqrt{2}$

(2) $\sqrt[3]{81}=\sqrt[3]{27\cdot 3}=\sqrt[3]{27}\cdot\sqrt[3]{3}=3\sqrt[3]{3}$

(3) $\sqrt[3]{-16x^4}=\sqrt[3]{-8\cdot 2\cdot x^3\cdot x}=\sqrt[3]{-8x^3\cdot(2x)}=\sqrt[3]{(-2x)^3\cdot 2x}=\sqrt[3]{(-2x)^3}\cdot\sqrt[3]{2x}$
$=-2x\sqrt[3]{2x}$

> **정의 4.1.15**
>
> a는 실수, $n(\geq 2)$은 정수이고, $\sqrt[n]{a}$가 존재할 때, $a^{\frac{1}{n}}$은 다음과 같이 정의한다.
>
> $$a^{\frac{1}{n}}=\sqrt[n]{a}$$

예제 4.1.16

다음을 간단히 하시오

(1) $9^{\frac{1}{2}}$　　(2) $(-8)^{\frac{1}{3}}$

(3) $27^{\frac{1}{2}}$　　(4) $16^{\frac{1}{3}}$

풀이

(1) $9^{\frac{1}{2}}=\sqrt{9}=\sqrt{3^2}=3$

(2) $(-8)^{\frac{1}{3}}=\sqrt[3]{-8}=\sqrt[3]{(-2)^3}=-2$

(3) $27^{\frac{1}{2}}=\sqrt{27}=\sqrt{3^3}=3\sqrt{3}$

(4) $16^{\frac{1}{3}}=\sqrt[3]{16}=\sqrt[3]{2^4}=2\sqrt[3]{2}$

> **정의 4.1.17**
>
> a는 실수, m과 n은 $n\geq 2$인 공통인수가 없는 정수이고 $\sqrt[n]{a}$가 존재할 때 $a^{\frac{m}{n}}$은 다음과 같이 정의한다.
>
> $$a^{\frac{m}{n}}=\sqrt[n]{a^m}=(\sqrt[n]{a})^m$$

예제 4.1.18

다음을 간단히 하시오.

(1) $27^{\frac{2}{3}}$　　(2) $(-8)^{\frac{4}{3}}$

(3) $(81)^{-\frac{3}{4}}$

풀이

(1) $27^{\frac{2}{3}} = (\sqrt[3]{27})^2 = 3^2 = 9$

(2) $(-8)^{\frac{4}{3}} = (\sqrt[3]{-8})^4 = (-2)^4 = 16$

(3) $(81)^{-\frac{3}{4}} = (\sqrt[4]{81})^{-3} = 3^{-3} = \dfrac{1}{27}$

정의 4.1.15와 정의 4.1.17로부터, 지수법칙이 유리수 지수로 확대될 수 있다.

정리 4.1.19 (유리수 지수에 대한 지수법칙)

a와 b는 임의의 실수이고 m과 n은 임의의 유리수라 하자. 그러면 다음이 성립한다.

(1) $a^m a^n = a^{m+n}$

(2) $(a^m)^n = a^{mn}$

(3) $(ab)^n = a^n b^n$

(4) $\dfrac{a^m}{a^n} = a^{m-n}$ (단, $a \neq 0$)

(5) $\left(\dfrac{a}{b}\right)^n = \dfrac{a^n}{b^n}$ (단, $b \neq 0$)

예제 4.1.20

각 식을 간단히 하시오. 양의 지수만 나타나도록 답을 쓰시오. 각 변수는 양이라 가정한다.

(1) $\left(\dfrac{2x^{\frac{1}{3}}}{y^{\frac{2}{3}}}\right)^{-3}$

(2) $\left(x^{\frac{2}{3}}y\right)\left(x^{-2}y\right)^{\frac{1}{2}}$

풀이

(1) $\left(\dfrac{2x^{\frac{1}{3}}}{y^{\frac{2}{3}}}\right)^{-3} = \left(\dfrac{y^{\frac{2}{3}}}{2x^{\frac{1}{3}}}\right)^{3} = \dfrac{\left(y^{\frac{2}{3}}\right)^3}{\left(2x^{\frac{1}{3}}\right)^3} = \dfrac{y^2}{2^3\left(x^{\frac{1}{3}}\right)^3} = \dfrac{y^2}{8x}$

(2)
$$\begin{aligned}\left(x^{\frac{2}{3}}y\right)\left(x^{-2}y\right)^{\frac{1}{2}} &= \left(x^{\frac{2}{3}}y\right)\left[\left(x^{-2}\right)^{\frac{1}{2}}y^{\frac{1}{2}}\right] \\ &= x^{\frac{2}{3}}yx^{-1}y^{\frac{1}{2}} = x^{\frac{2}{3}}x^{-1}yy^{\frac{1}{2}} \\ &= x^{-\frac{1}{3}}y^{\frac{3}{2}} = \frac{y^{\frac{3}{2}}}{x^{\frac{1}{3}}}\end{aligned}$$

실수 영역에서 유리수는 조밀하게 분포되므로, x가 무리수일 때도 a^x를 자연스럽게 정의할 수 있다. 따라서 모든 실수 x에 대하여 a^x를 정의할 수 있다.

정리 4.1.21 (실수 지수에 대한 법칙)

a와 b는 임의의 양수이고 x, y는 임의의 실수라 하자. 그러면 다음이 성립한다.

(1) $a^{x+y} = a^x a^y$　　(2) $a^{x-y} = \dfrac{a^x}{a^y}$

(3) $(a^x)^y = a^{xy}$　　(4) $(ab)^x = a^x b^x$

예제 4.1.22

다음을 간단히 하시오.

(1) $(-4)^0$　　(2) $\left(\dfrac{1}{3}\right)^{-2}$

(3) $81^{-0.25}$

풀이

(1) $(-4)^0 = 1$　　(2) $\left(\dfrac{1}{3}\right)^{-2} = 3^2 = 9$

(3) $81^{-0.25} = 81^{-\frac{1}{4}} = \dfrac{1}{\sqrt[4]{81}} = \dfrac{1}{\sqrt[4]{3^4}} = \dfrac{1}{3}$

정의 4.1.23 (지수함수)

양의 실수 a에 대하여, 모든 실수에서 정의된 함수 $f(x)= a^x$를 밑이 a인 **지수함수**라고 한다. 이때 $a=1$이면 함수 $f(x)= 1^x$는 **상수함수**이므로, 지수함수를 다룰 때는 $a \neq 1$이라고 가정한다.

지수함수의 그래프 $y=a^x$는 $a \neq 0$일 때, $a^0=1$이므로 모든 그래프는 같은 점 $(0, 1)$을 지난다. 그림 4.3과 같이 $a>1$이면 지수함수 $f(x)= a^x$는 **증가함수**이고, $0<a<1$이면 지수함수 $f(x)= a^x$는 **감소함수**이다.

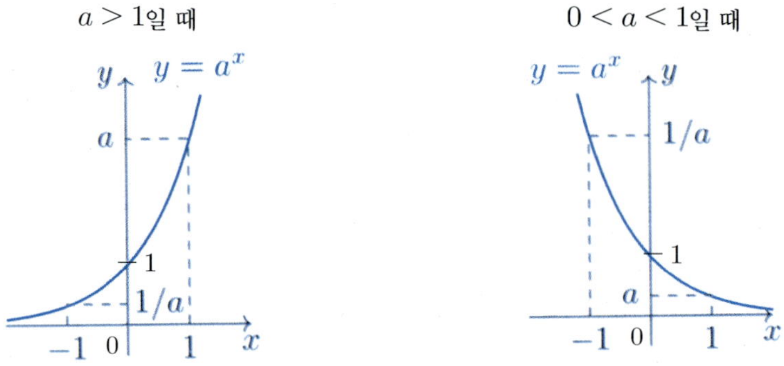

그림 4.3 $y = a^x$의 그래프

$\left(\frac{1}{a}\right)^x = \frac{1}{a^x} = a^{-x}$이므로 $y = \left(\frac{1}{a}\right)^x$의 그래프는 $y = a^x$의 그래프를 y축에 대하여 대칭시킨 것이다.

정리 4.1.24 (지수함수의 성질)

1이 아닌 양의 실수 a에 대한 지수함수 $f(x) = a^x$에 대하여, 다음이 성립한다.

(1) 지수함수 f의 정의역은 실수 전체의 집합이다.

(2) 지수함수 f의 치역은 실수 전체의 집합이다.

(3) 지수함수의 그래프 $y = a^x$는 점$(0, 1)$과 $(1, a)$를 지나고, x축이 지수함수 그래프의 점근선이다.

(4) $a > 1$이면 지수함수 f는 증가함수이고, $0 < a < 1$이면 지수함수 f는 감소함수이다.

예제 4.1.25

정의역이 실수 전체의 집합인 함수 $f(x) = 2^{x-1} + 3$의 치역과 점근선을 구하시오.

풀이

$f(x) = 2^{x-1} + 3$의 그래프는 $g(x) = 2^x$의 그래프를 x축 방향으로 1만큼 평행이동 한 후에 y축 방향으로 3만큼 평행이동 한 그래프이다. 지수함수 g의 치역이 양의 실수 전체의 집합이므로, f의 치역은 $\{y \in \mathbb{R} | y > 3\}$이다. 그리고 f의 점근선은 $y = 3$이다.

예제 4.1.26

$0 \le x \le 2$일 때, 함수 $f(x)=3^x+1$의 최댓값과 최솟값을 구하시오.

풀이

밑 3이 1보다 크므로, 함수 $f(x)=3^x+1$은 증가함수이다. 따라서 $0 \le x \le 2$일 때, $f(0)=3^0+1=2$가 함수 f의 최솟값이고 $f(2)=3^2+1=10$이 함수 f의 최댓값이다.

연습문제 4.1

1. 다음의 값을 구하시오.

(1) $\sqrt[3]{-27}$

(2) $\sqrt[4]{16}$

(3) $\sqrt[3]{-0.008}$

(4) $-\sqrt[5]{(-3)^5}$

2. 다음 식을 간단히 하시오.

(1) $\sqrt[3]{3} \times \sqrt[3]{9}$

(2) $\dfrac{\sqrt[4]{2}}{\sqrt[4]{32}}$

(3) $\sqrt[3]{\sqrt{27}}$

(4) $\sqrt[5]{32^2} \div (\sqrt[3]{2})^6 - \sqrt[3]{\sqrt{64}}$

(4) $\sqrt[4]{\dfrac{\sqrt[3]{125}}{\sqrt[9]{125}}} \times \sqrt[6]{\dfrac{\sqrt[3]{125}}{\sqrt{125}}} \times \sqrt[9]{\dfrac{\sqrt[4]{125}}{\sqrt{125}}}$

3. 다음을 간단히 하시오.

(1) $4^{\frac{1}{3}} \cdot 16^{-\frac{1}{2}} \cdot 2^{-\frac{3}{4}}$

(2) $3^{2+2\sqrt{2}} \div 3^{2\sqrt{2}-1} - \{(-3)^6\}^{\frac{1}{3}}$

(3) $\sqrt[4]{a^4 \cdot \sqrt{a^3}}$ (단, $a>0$)

4. 다음 함수의 그래프를 그리시오.

(1) $f(x)=3-2^x$

(2) $f(x)=3^{x+1}+2$

5. 다음 함수의 최댓값과 최솟값을 구하시오.

(1) $f(x)=2^{-x}+1 \qquad (-1 \le x \le 2)$

(2) $f(x)=3^{x+1} \qquad (0 \le x \le 3)$

(3) $f(x)=4^x-2^{x+1} \qquad (0 \le x \le 2)$

4.2 로그함수

정의 4.2.1

a가 1이 아닌 양의 실수일 때 양의 실수 b에 대하여 $a^x = b$를 만족시키는 실수 x는 오직 하나 존재한다. 이때 기호 $x = \log_a b$로 쓰고 밑이 a인 b의 **로그**라 한다. b를 $\log_a b$의 **진수**라 한다.

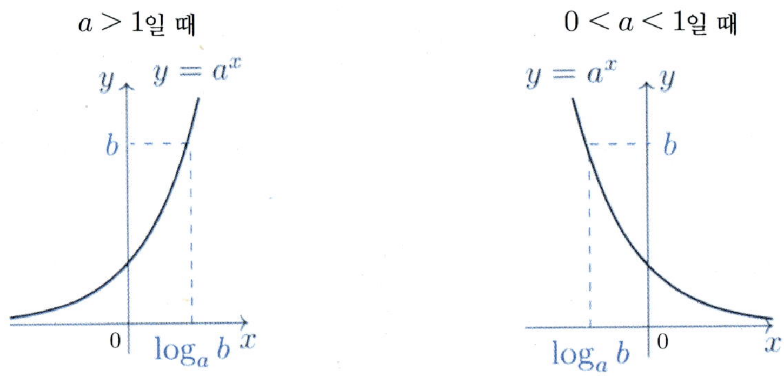

그림 4.4

예제 4.2.2

다음 식에서 x, y 의 값을 구하시오.

(1) $3 = \log_2 x$ (2) $y = \log_3 81$

풀이

(1) $x = 2^3 = 8$

(2) $3^y = 81 = 3^4$이다. 따라서 $y = 4$이다.

예제 4.2.3

다음 각 식의 값을 구하시오.

(1) $\log_2 64$ (2) $\log_3 \frac{1}{9}$

풀이

(1) $y=\log_2 64$라 하면 $2^y=64=2^6$이다. 따라서 $y=6$이므로 $\log_2 64=6$이다.

(2) $y=\log_3 \frac{1}{9}$이라 하면 $3^y=\frac{1}{9}=3^{-2}$이다. 따라서 $y=-2$이므로 $\log_3 \frac{1}{9}=-2$이다.

정리 4.2.4 (로그의 성질 I)

$a \neq 1,\ a>0$이라 하자.

(1) $\log_a 1=0$　　　　(2) $\log_a a=1$

증명

(1) $y=\log_a 1$이라 하면 $a^y=1=a^0$이다. 따라서 $y=0$이므로 $\log_a 1=0$이다.

(2) $y=\log_a a$이라 하면 $a^y=a=a^1$이다. 따라서 $y=1$이므로 $\log_a a=1$이다.

정리 4.2.5 (로그의 성질 II)

$x>0,\ \ y>0,\ \ a>0,\ \ a\neq 1$이고 r은 임의의 실수라 하자.

(1) $a^{\log_a x}=x$　　　　(2) $\log_a x^r=r\log_a x$

(3) $\log_a xy=\log_a x+\log_a y$　　　　(4) $\log_a \frac{x}{y}=\log_a x-\log_a y$

풀이

(1) $y=\log_a x$이라 하면 $x=a^y=a^{\log_a x}$이므로 증명이 완료된다.

(2) $y=\log_a x$이라 하면 $x=a^y$이다. 따라서 $x^r=\left(a^y\right)^r=a^{ry}$이므로 $ry=\log_a x^r$ 이다. 그러므로 $\log_a x^r=r\log_a x$이다.

(3) $z_1=\log_a x,\ z_2=\log_a y$이라 하면 $x=a^{z_1},\ y=a^{z_2}$이다.
따라서 $xy=a^{z_1}\cdot a^{z_2}=a^{z_1+z_2}$이므로 $z_1+z_2=\log_a xy$이다.
그러므로 $\log_a xy=\log_a x+\log_a y$이다.

(4) (3)의 증명과정에서 $\frac{x}{y}$를 구하면 증명할 수 있다.

예제 4.2.6

$\log_3 100-\log_3 18-\log_3 50$의 값을 구하시오.

풀이

$$\begin{aligned}\log_3 100-\log_3 18-\log_3 50&=\log_3 100-\left(\log_3 18+\log_3 50\right)\\&=\log_3 100-\log_3(18)(50)\\&=\log_3 100-\log_3 100\cdot 3^2\\&=\log_3\frac{100}{100\cdot 3^2}\\&=\log_3 3^{-2}=-2\log_3 3\\&=-2\end{aligned}$$

예제 4.2.7

$\log_2 a+\frac{1}{2}\log_2 b-\frac{1}{3}\log_2 c$를 하나의 로그로 나타내시오.

풀이

$$\begin{aligned}\log_2 a+\frac{1}{2}\log_2 b-\frac{1}{3}\log_2 c&=\log_2 a+\log_2 b^{\frac{1}{2}}+\log_2 c^{-\frac{1}{3}}\\&=\log_2 a+\log_2\sqrt{2}+\log_2\frac{1}{\sqrt[3]{c}}\\&=\log_2\frac{a\sqrt{b}}{\sqrt[3]{c}}\end{aligned}$$

정리 4.2.8 (밑에 대한 로그의 성질)

$a>0,\ a\neq 1,\ c>0,\ c\neq 1,\ x>0$에 대하여

$$\log_a x=\frac{\log_c x}{\log_c a}$$

이다.

증명

$\log_a x=m$와 $\log_c a=n$로 놓으면 로그의 정의에 따라서 $a^m=x$와 $c^n=a$이다.

지수의 성질에 따라서 $x=a^m=\left(c^n\right)^m=c^{nm}$이므로

$$\log_c x=nm=\log_c a\cdot\log_a x$$

이다. 여기서 $a\neq 1$이므로 $\log_c a\neq 0$이다. 따라서 위의 식의 양변을 $\log_c a$로 나누면

$$\log_a x=\frac{\log_c x}{\log_c a}$$

이다.

예제 4.2.9

$\log_3 5 \cdot \log_5 7 \cdot \log_7 9$ 를 간단히 하시오.

풀이

$$\begin{aligned}\log_3 5 \cdot \log_5 7 \cdot \log_7 9 &= \log_3 5 \cdot \frac{\log_3 7}{\log_3 5} \cdot \frac{\log_3 9}{\log_3 7} \\ &= \log_3 9 = \log_3 3^2 = 2\log_3 3 \\ &= 2\end{aligned}$$

상용로그와 자연로그

밑이 10인 로그를 **상용로그**라고 한다. 상용로그 $\log_{10} n$을 밑 10을 생략하여 $\log n$으로 나타내기도 한다. x의 값이 0에 한없이 가까워질 때, $(1+x)^{\frac{1}{x}}$은 무리수 $2.71828\cdots$에 한없이 가까워진다. 이 무리수를 **오일러상수**라고 하며 e로 나타낸다. 오일러상수 e를 밑으로 하는 로그를 **자연로그**라고 한다. 자연로그 $\log_e n$을 $\ln n$으로 나타내기도 한다.

예제 4.2.1

다음 식을 간단히 하시오

(1) $\log 0.01$

(2) $\log 100$

(3) $\ln e^2$

(4) $\ln\left(\frac{1}{e^2}\right)$

풀이

(1) $\log 0.01 = \log_{10} 10^{-2} = -2\log_{10} 10 = -2$

(2) $\log 100 = \log_{10} 10^2 = 2\log_{10} 10 = 2$

(3) $\ln e^2 = 2\ln e = 2$

(4) $\ln\left(\frac{1}{e^2}\right) = \ln e^{-2} = -2\ln e = -2$

정의 4.2.11

지수함수 $y = a^x$ $(a > 0,\ a \neq 1)$은 실수 전체의 집합에서 양의 실수 전체의 집합으로의 일대일대응이므로 **역함수**를 갖는다. 이때 로그의 정의에 의하여 $x = \log_a y$ 이므로 x와 y를 서로 바꾸면 지수함수 $y = a^x$의 역함수 $y = \log_a x$ $(a > 0,\ a \neq 1)$를 얻는다. 이 함수를 a를 밑으로 하는 **로그함수**라 한다.

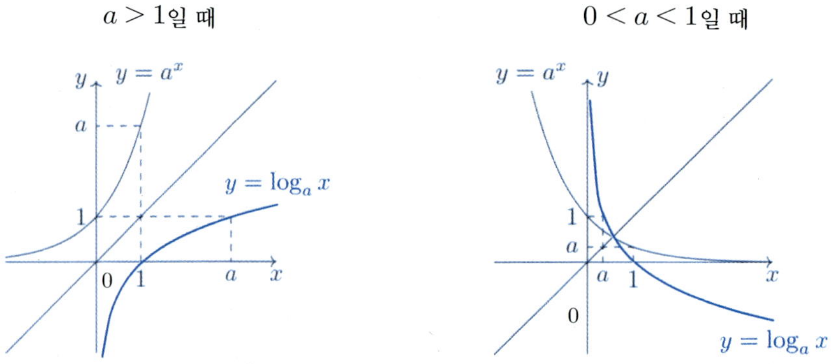

그림 4.5 로그함수의 그래프

로그함수 $f(x) = \log_a x$가 지수함수 $g(x) = a^x$의 역함수이므로, 그림 4.5와 같이 로그함수의 그래프 $y = \log_a x$는 지수함수의 그래프 $y = a^x$와 직선 $y = x$에 대하여 대칭이다.

정리 4.2.12 (로그함수의 기본성질)

로그함수 $f(x) = \log_a x$ $(a > 0,\ a \neq 1)$에 대하여, 다음이 성립한다.

(1) f 의 정의역은 양의 실수 전체의 집합이다.

(2) f 의 치역은 실수 전체의 집합이다.

(3) f는 점 $(1, 0)$과 $(a, 1)$를 지나고, y축이 점근선이다.

(4) 만약 $a > 1$이면 f는 증가함수이고, 만약 $0 < a < 1$이면 f는 감소함수이다.

예제 4.2.13

다음 수의 대소관계를 나타내시오.

$$\frac{1}{2},\ \frac{\ln 3}{2\ln 5},\ \log_5 2$$

풀이

수를 밑이 5인 로그를 이용하여 나타내면, $\frac{1}{2} = \frac{1}{2}\log_5 5 = \log_5 \sqrt{5}$, $\frac{\ln 3}{2\ln 5} = \frac{1}{2}\log_5 3 = \log_5 \sqrt{3}$ 이다. $f(x) = \log_5 x$는 증가함수이고 $\sqrt{3} < 2 = \sqrt{4} < \sqrt{5}$ 이므로

$$\frac{\ln 3}{2\ln 5} < \log_5 2 < \frac{1}{2}$$

이다.

예제 4.2.14

$0 \le x \le 4$일 때, $f(x) = \log_2(x^2 - 6x + 10)$의 최댓값과 최솟값을 구하시오.

풀이

밑이 1보다 크므로 진수가 최댓값일 때 f의 값은 최댓값이고, 진수가 최솟값일 때 f의 값은 최솟값이다. $x^2 - 6x + 10 = (x-3)^2 + 1$이므로, $0 \le x \le 4$에서 $x = 0$일 때 진수의 최댓값이 10이고 $x = 3$일 때 진수의 최솟값은 1이다. 따라서 $0 \le x \le 4$일 때, f의 최댓값은 $\log_2 10$이고 최솟값은 $\log_2 1 = 0$이다.

연습문제 4.2

1. 다음의 값을 구하시오.

(1) $\log_2 16$ (2) $\log_2 \frac{1}{2}$

(3) $\log_{\sqrt{2}} 4$ (4) $\log_{\frac{1}{3}} \frac{1}{27}$

(5) $\log 1000$ (6) $\log \frac{1}{100}$

(7) $\ln \sqrt[5]{e}$ (8) $\ln \frac{1}{e^3}$

2. 다음을 간단히 하시오

(1) $\log_4 32$ (2) $\log_2 3 \cdot \log_3 4$

(3) $\log_2 5 \cdot \log_5 2$

3. 다음 식을 간단히 하시오.

(1) $\log_3 2 - 2\log_3 6 + 2\log_3 \sqrt{18}$

(2) $3\log_2 \sqrt[3]{3} + \frac{1}{2}\log_2 \sqrt{2} + \log_2 \frac{\sqrt{2}}{3}$

4. $\log_5 2 = a$, $\log_5 3 = b$일 때, $\log_5 \sqrt{2.4}$를 a, b로 나타내시오.

5. 양의 실수 x, y, z에 대하여, $\log_3 x + 3\log_3 \sqrt[3]{y} + 2\log_9 z = 1$일 때 2^{xyz}의 값을 구하시오.

6. 다음 로그함수의 그래프를 그리고, 주어진 범위에서 최댓값과 최솟값을 구하시오.

(1) $y = \log_3 (x+1) + 2 \quad (0 \le x \le 8)$

(2) $y = \log_{\frac{1}{3}} (x+1) - 2 \quad (2 \le x \le 8)$

7. 다음 함수의 최댓값과 최솟값을 구하시오

(1) $f(x) = \log_2 (x^2 - 2x + 3) \quad (0 \le x \le 3)$

(2) $y = \log_{\frac{1}{2}} (-x^2 - 2x + 7) \quad (-2 \le x \le 1)$

(3) $y = x^{2 + \log x} \quad (1 \le x \le 100)$

8. $x > 1$와 $y > 1$에 대하여 $2\log_x y - 2\log_y x + 3 = 0$일 때 $4y^2 - x^2$의 최댓값을 구하시오.

5

수열과 수열의 극한

수열과 수열의 극한은 수학에서 가장 기초가 되는 이론이면서 또한 함수의 극한, 연속성, 미분, 적분 등, 이후에 배우게 될 여러 곳에서 활용된다. 5.1절에서는 수열의 정의와 그 성질을 배운다. 5.2절에서는 수열의 극한, 무한급수의 정의와 그 성질에 대해 배운다.

5.1 수열

5.1절에서는 수열의 정의와 점화식, 등차수열과 등차수열의 합, 등비수열과 등비수열의 합, 수학적 귀납법, 수열의 합에 대하여 다룬다.

5.1.1 수열과 점화식

정의 5.1.1 (수열)
실수를 어떤 규칙에 따라 나열한 것을 **수열**(sequence)이라 한다. 수열을 이루는 각 수를 그 수열의 **항**이라 하고

$$a_1, a_2, \cdots, a_n, \cdots$$

과 같이 나타낸다. 수열을 간략히 $<a_n>$ 또는 $\{a_n\}$과 같이 나타낸다. 특히 n번 째 항 a_n을 수열의 **일반항**이라 한다.

사실 수열은 함수의 일종이다.

정의역이 자연수 전체의 집합 $\mathbb{N}$이고 공역이 실수 전체의 집합 $\mathbb{R}$인 함수 $f : \mathbb{N} \to \mathbb{R}$을 수열(sequence)이라 하고 $n = 1,2,3,\cdots$에 대하여 $a_n = f(n)$이라 할 때 수열을 간략히 $<a_n>$ 또는 $\{a_n\}$과 같이 나타낸다.

예제 5.1.2

다음 수열의 일반항을 구하시오.

(1) 1, 3, 5, 7, 9, …, (2) 2, 4, 8, 16, …

풀이

(1) 수열의 첫 번째 항은 1이고 차례로 2만큼 더하여 그 다음 번째 항이 나온다. 이 수열의 n번째 항을 a_n이라 하면 일반항은 $a_n = 2n - 1$이다.

(2) 수열의 첫 번째 항은 2이고 차례로 2만큼 곱하여 그 다음 번째 항이 나온다. 이 수열의 n번째 항을 b_n이라 하면 일반항은 $b_n = 2^n$이다.

> **정의 5.1.3 (점화식)**
> 수열에서 서로 이웃한 항 사이에 성립하는 관계식(등식)을 **점화식**이라 한다.

예를 들어 $n+1$번째 항 a_{n+1}을 n번째 항 a_n에 상수 d를 더하여 얻을 수 있다면 이 수열의 점화식은 $a_{n+1} = a_n + d$이고 $n+1$번째 항 b_{n+1}을 n번째 항 b_n에 상수 r를 곱하여 얻을 수 있다면 이 수열의 점화식은 $b_{n+1} = rb_n$이다. 첫 번째 점화식을 등차수열의 점화식이라 하고 두 번째 점화식을 등비수열의 점화식이라 한다.

예제 5.1.4

$a_1 = 1$, $a_2 = 2$일 때 다음 점화식을 만족하는 수열의 다섯 번째 항 a_5을 구하시오.

$$a_{n+2} = a_{n+1} + a_n$$

풀이

$a_1 = 1$, $a_2 = 2$이므로 $a_3 = a_2 + a_1 = 2 + 1 = 3$이 되고 $a_4 = a_3 + a_2 = 3 + 2 = 5$가 된다. 따라서 $a_5 = a_4 + a_3 = 5 + 3 = 8$이다.

5.1.2 등차수열

정의 5.1.5 (등차수열)
앞의 항에 일정한 수를 더하여 다음 항을 얻는 수열, 즉 다음의 점화식

$$a_{n+1} = a_n + d, \ n = 1, 2, \cdots$$

을 만족하는 수열을 **등차수열**(arithmetic sequence)이라 하고 더하는 일정한 수 d를 **공차**(common difference)라 한다.

첫째항이 a이고 공차가 d인 등차수열의 각 항을 구하여 보자.

$$\begin{aligned} a_1 &= a \\ a_2 &= a_1 = a + d \\ a_3 &= a_2 + d = a + 2d \\ a_4 &= a_3 + d = a + 3d \\ &\vdots \end{aligned}$$

따라서 일반항은

$$a_n = a + (n-1)d$$

이다.

예제 5.1.6

첫째항이 -1이고 공차가 3인 등차수열의 일반항을 구하시오.

풀이

$a = -1, \ d = 3$이다. 따라서 일반항 a_n은

$$a_n = a + (n-1)d = -1 + (n-1) \cdot 3 = 3n - 4$$

이다.

예제 5.1.7

4번째 항이 16이고 7번째 항이 25인 등차수열의 공차와 일반항을 구하시오.

풀이

$a_4=16$, $a_7=25$이다. 따라서 $a+3d=16$이고 $a+6d=25$이다. 이 연립일차방정식을 풀면 $a=7$이고 $d=3$이다. 따라서 공차는 3이고 일반항은 $a_n=3n+4$이다.

수열 $\langle a_n \rangle$이 등차수열이고, a, b, c가 이 등차수열의 연속한 세 항이라고 하자. 이 등차수열의 공차가 d라면, $b=a+d=c-d$인 관계가 성립한다. 즉 $b=\frac{a+c}{2}$가 된다.

> **정의 5.1.8 (등차중항)**
> 세 수 a, b, c가 등차수열을 이룰 때 세 항 중 가운데 항을 **등차중항**이라고 하며 등차중항 b를 a와 c의 **산술평균**이라고 한다.

예제 5.1.9

첫째항부터 3항까지의 합이 6이고 곱이 -24인 등차수열의 일반항을 구하시오.

풀이

주어진 수열은 등차수열이므로 첫 번째 항을 $a-d$로 놓고 두 번째 항을 a로, 세 번째 항을 $a+d$로 놓으면 $a-d+a+a+d=6$이므로 $a=2$이다. 또한 $a(a^2-d^2)=-24$이고 $a=2$이므로 $d=\pm 4$이다. 따라서 문제의 조건을 만족하는 등차수열의 일반항은 $a_n=4n-2$ 또는 $a_n=-4n+6$이다.

이제 첫째항이 a이고 공차가 d인 등차수열에서 1항부터 n항까지의 합을 구하여 보자. 1항부터 n항까지의 합을 S_n이라 하면

$$S_n=a+(a+d)+\cdots+(a_n-d)+a_n$$

이고 S_n의 우변을 역순으로 쓰면

$$S_n=a_n+(a_n-d)+\cdots+(a+d)+a$$

이다. 두 식을 더하면

$$2S_n=(a+a_n)+(a+a_n)+\cdots+(a+a_n)+(a+a_n)=n(a+a_n)$$

이므로

$$S_n=\frac{n(a+a_n)}{2}$$

을 얻는다. $a_n = a+(n-1)d$ 이므로

$$S_n = \frac{n[2a+(n-1)d]}{2}$$

와 같이 나타낼 수도 있다. 이로부터 다음 결과를 얻는다.

정리 5.1.10 (등차수열의 합)

첫째항이 a이고 공차가 d인 등차수열에서 1항부터 n항까지의 합 S_n은

$$S_n = \frac{n(a+a_n)}{2} \text{ 또는 } S_n = \frac{n[2a+(n-1)d]}{2}$$

이다.

예제 5.1.11

다음 수열의 첫째항부터 n항까지의 합 S_n을 구하시오.

$$2,\ 4,\ 6,\ 8,\ 10,\ \cdots$$

풀이

$a=2$이고 $d=2$이므로

$$S_n = \frac{n[2\cdot 2+(n-1)\cdot 2]}{2} = n(n+1)$$

이다.

예제 5.1.12

첫째항이 2, 100번째 항이 123인 등차수열의 첫째항부터 100번째 항까지의 합을 구하시오.

풀이

$a_1 = 2$, $a_{100} = 123$이고 항의 수는 100개이므로

$$S_{100} = \frac{100(2+123)}{2} = 6250$$

이다.

5.1.3 등비수열

정의 5.1.13 (등비수열)
앞의 항에 일정한 수를 곱하여 다음 항을 얻는 수열, 즉 다음의 점화식

$$a_{n+1} = ra_n,\ n = 1,\ 2,\ \cdots$$

을 만족하는 수열을 **등비수열**(geometric sequence)이라 하고 곱하는 일정한 수 r를 **공비**(common ratio)라 한다.

등비수열의 일반항은 다음과 같이 구할 수 있다. 주어진 등비수열의 첫째항이 a이고 공비가 r이라고 하면

$$a_1 = a$$
$$a_2 = a_1 r = ar$$
$$a_3 = a_2 r = ar^2$$
$$a_4 = a_3 r = ar^3$$
$$\vdots$$

이므로 일반항은

$$a_n = ar^{n-1}$$

이 된다.

예제 5.1.14

2번째 항이 6, 6번째 항이 96이고 공비가 양수인 등비수열의 일반항을 구하시오.

풀이

첫 번째 항을 a, 공비를 r이라 하면 $a_2 = ar = 6$이고 $a_6 = ar^5 = 96$이다. 따라서 $\frac{a_6}{a_2} = r^4 = 16$이고 r은 양수이므로 $r = 2$이다. $ar = 6$으로부터 $a = 3$임을 알 수 있다. 그러므로 구하고자 하는 등비수열의 일반항은 $a_n = 3 \cdot 2^{n-1}$이다.

수열 $< a_n >$이 등비수열이고, a, b, c가 이 등비수열의 연속한 세 항이라고 하자. 이 등비수열의 공비가 $r(\neq 0)$이라면, $b = ar = \frac{c}{r}$인 관계가 성립한다. 즉 $b^2 = ac$가 성립한다.

정의 5.1.15 (등비중항)

세수 a, b, c가 등비수열을 이룰 때, a, b, c가 모두 양수면 $b=\sqrt{ac}$가 성립한다. 이 경우 등비수열에서 가운데 항을 **등비중항**이라 하며 이때 b를 a와 c의 **기하평균**이라 한다.

예제 5.1.16

두 수 3과 12의 기하평균을 구하시오.

풀이

3, b, 12가 등비수열을 이루며 $b>0$이다. 따라서 $b^2=36$, $b>0$가 성립한다. 그러므로 3과 12의 등비중항 b는 6이다.

예제 5.1.17

양의 실수 a, b에 대하여 a, b의 산술평균이 기하평균보다 항상 크거나 같음을 보이시오. 즉

$$\frac{a+b}{2} \geq \sqrt{ab}$$

임을 보이시오.

풀이

(1) $a>0$이고 $b>0$이므로 $\sqrt{a^2}=a$, $\sqrt{b^2}=b$, $\sqrt{ab}=\sqrt{a}\sqrt{b}$ 가 성립한다. 따라서

$$\frac{a+b}{2}-\sqrt{ab}=\frac{1}{2}(\sqrt{a^2}-2\sqrt{a}\sqrt{b}+\sqrt{b^2})=\frac{1}{2}(\sqrt{a}-\sqrt{b})\geq 0$$

따라서 $\frac{a+b}{2} \geq \sqrt{ab}$가 성립한다. 여기서 등호가 성립할 필요충분조건은 $a=b$이다.

이제 첫째항이 a이고 공차가 d인 등비수열에서 1항부터 n항까지의 합을 구하는 방법을 알아보자.

1항부터 제n항까지의 합을 S_n이라 하면

$$S_n=a+ar+ar^2+\cdots+ar^{n-2}+ar^{n-1}$$

이고 위 식의 양변에 r을 곱하면

$$rS_n=ar+ar^2+ar^3+\cdots+ar^{n-1}+ar^n$$

이다. 두 식을 빼면

$$(1-r)S_n = a - ar^n$$

이므로 $r \neq 1$ 일 때는

$$S_n = \frac{a(1-r^n)}{1-r} = \frac{a(r^n-1)}{r-1}$$

이다. 한편 $r=1$일 때는

$$S_n = a + a + \cdots + a = na$$

가 된다. 이를 정리하면 다음과 같다.

정리 5.1.18 (등비수열의 합)

첫째항이 a이고 공비가 r인 등비수열에서 1항부터 n항까지의 합 S_n은

$r \neq 1$일 때

$$S_n = \frac{a(1-r^n)}{1-r} = \frac{a(r^n-1)}{r-1}$$

$r=1$일 때는

$$S_n = na$$

이다.

예제 5.1.19

다음 등비수열의 1항부터 n항까지의 합 S_n을 구하시오.

-1, 3, -9, 27, ⋯

풀이

$a=-1$, $r=-3$이다. 따라서 1항부터 n항까지의 합 S_n은

$$S_n = \frac{a(r^n-1)}{r-1} = \frac{-((-3)^n-1)}{-3-1} = \frac{1}{4}((-3)^n-1)$$

이다.

예제 5.1.20

공비가 실수인 등비수열이 있다. 첫째항부터 4항까지의 합이 5, 첫째항부터 8항까지의 합이 85일 때, 첫째항부터 10항까지의 합을 구하시오.

풀이

구하고자 하는 등비수열의 첫 번째 항을 a라하고 공비를 r이라 하면

$S_4 = \dfrac{a(r^4-1)}{r-1} = 5$이고 $S_8 = \dfrac{a(r^8-1)}{r-1} = 85$ 이다. $\dfrac{S_8}{S_4} = r^4+1 = 16$이므로 $r = \pm 2$이다. $r=2$인 경우 $a = \dfrac{1}{3}$이고 $r=-2$인 경우 $a=-1$이다. 각각의 경우에 대해 첫째항부터 10항까지의 합을 구하여 보면 두 경우 모두 341이다.

예제 5.1.21

합 S_n이 다음과 같을 때, 일반항 a_n을 구하시오.

(1) $S_n = pn^2 + qn + r$

(2) $S_n = pa^n + q \ (a \neq 0)$

풀이

(1) $n=1$인 경우 : $a_1 = S_1 = p+q+r$

$n \geq 2$인 경우 : $a_n = S_n - S_{n-1} = 2pn - p + q$이다.

따라서 $a_n = \begin{cases} 2pn-p+q, & n \geq 2 \\ p+q+r, & n=1 \end{cases}$ 이다.

(2) $n=1$인 경우 : $a_1 = S_1 = pa+q$

$n \geq 2$인 경우 : $a_n = S_n - S_{n-1} = p(a-1)a^{n-1}$이다.

따라서 $a_n = \begin{cases} p(a-1)a^{n-1}, & n \geq 2 \\ pa+q, & n=1 \end{cases}$ 이다.

5.1.4 수열의 합

정의 5.1.22 (수열의 합, Σ 기호)

수열 $< a_n >$에서 첫 번째 항부터 n항까지의 합을 $\sum_{k=1}^{n} a_k$로 나타낸다. 즉,

$$\sum_{k=1}^{n} a_k = a_1 + a_2 + \cdots + a_n$$

이다.

정리 5.1.23 (Σ의 성질)

$< a_n >$과 $< b_n >$은 임의의 수열이고 α는 임의의 상수라 하자. 그러면 다음이 성립한다.

(1) $\sum_{k=1}^{n} \alpha = n\alpha$ (2) $\sum_{k=1}^{n} \alpha a_k = \alpha \sum_{k=1}^{n} a_k$

(3) $\sum_{k=1}^{n} (a_k \pm b_k) = \sum_{k=1}^{n} a_k \pm \sum_{k=1}^{n} b_k$ (4) $\sum_{k=1}^{n} k = \frac{1}{2}n(n+1)$

(5) $\sum_{k=1}^{n} k^2 = \frac{1}{6}n(n+1)(2n+1)$ (6) $\sum_{k=1}^{n} k^3 = \left[\frac{1}{2}n(n+1)\right]^2$

증명

(1), (2), (3) 실수의 덧셈에 대한 정의와 덧셈에 대한 결합법칙 교환법칙, 덧셈에 대한 곱셈의 분배법칙을 이용하여 쉽게 증명할 수 있다.

(4) $\sum_{k=1}^{n} k$은 첫 번째 항이 1이고 등차가 1인 등차수열의 1항부터 n항까지의 합이다. 따라서 $\sum_{k=1}^{n} k = \frac{n[2 \cdot 1 + (n-1) \cdot 1]}{2} = \frac{n(n+1)}{2}$이다.

(5) $(x+1)^3 - x^3 = 3x^2 + 3x + 1$는 모든 실수 x에 대하여 성립하는 항등식이다. 이제 이 항등식의 변수 x에 차례로 $x = 1, 2, 3, \cdots, n$을 대입하여 보자.

$$2^3 - 1^3 = 3 \cdot 1^2 + 3 \cdot 1 + 1$$
$$3^3 - 2^3 = 3 \cdot 2^2 + 3 \cdot 2 + 1$$
$$\vdots$$
$$(n+1)^3 - n^3 = 3 \cdot n^2 + 3 \cdot n + 1$$

위 식을 모두 더하면

$(n+1)^3 - 1^3 = 3\sum_{k=1}^{n} k^2 + 3\sum_{k=1}^{n} k + \sum_{k=1}^{n} 1$ 을 얻는다. 따라서

$$3\sum_{k=1}^{n} k^2 = (n+1)^3 - 1^3 - 3\sum_{k=1}^{n} k - \sum_{k=1}^{n} 1$$

이고

$$\sum_{k=1}^{n} k = \frac{n(n+1)}{2} \text{ 이고 } \sum_{k=1}^{n} 1 = n$$

이므로

$$3\sum_{k=1}^{n} k^2 = (n+1)^3 - 1^3 - 3\frac{n(n+1)}{2} - n = \frac{n(n+1)(2n+1)}{2}$$

이다. 그러므로

$$\sum_{k=1}^{n} k^2 = \frac{n(n+1)(2n+1)}{6}$$

이다.

(6) 항등식 $(x+1)^4 - x^4 = 4x^3 + 6x^2 + 4x + 1$을 이용하면 (5)와 유사한 방법으로 보일 수 있다.

예제 5.1.24

다음 각 물음에 답하시오.

(1) $1 \cdot 3 + 2 \cdot 5 + 3 \cdot 7 + \cdots + (n+1)(2n+3)$

(2) $\sum_{k=1}^{10} (3k + 2^k + 5)$ (3) $\sum_{i=1}^{n} \left(\sum_{k=i}^{n} k \right)$

풀이

(1) 제 k번째 항을 a_k, 1항부터 n항까지의 합을 S_n이라 하자. 그러면 $a_k = k(2k+1) = 2k^2 + k$이고 문제의 수열의 합은 $\sum_{k=1}^{n+1} (2k^2+k)$이다. 따라서

$$\sum_{k=1}^{n+1} (2k^2 + k) = 2 \cdot \frac{(n+1)(n+2)(2n+3)}{6} + \frac{(n+1)(n+2)}{2}$$
$$= \frac{(n+1)(n+2)(4n+9)}{6}$$

이다.

(2)
$$\begin{aligned} \sum_{k=1}^{10} (3k + 2^k + 5) &= 3\sum_{k=1}^{10} k + \sum_{k=1}^{10} 2^k + \sum_{k=1}^{10} 5 \\ &= 3 \cdot \frac{10 \cdot 11}{2} + \frac{2(2^{10}-1)}{2-1} + 5 \cdot 10 \\ &= 165 + 2^{11} - 2 + 50 = 2261 \end{aligned}$$

(3)
$$\begin{aligned} \sum_{i=1}^{n} \left(\sum_{k=i}^{n} k \right) &= \sum_{i=1}^{n} \left(\sum_{k=1}^{n} k - \sum_{k=1}^{i-1} k \right) = \sum_{i=1}^{n} \left[\frac{1}{2} n(n+1) - \frac{1}{2}(i-1)i \right] \\ &= \frac{1}{2} n^2 (n+1) - \frac{1}{2} \sum_{i=1}^{n} (i^2 - i) \\ &= \frac{1}{2} n^2 (n+1) - \frac{1}{2} \left[\frac{1}{6} n(n+1)(2n+1) - \frac{1}{2} n(n+1) \right] \\ &= \frac{1}{12} n(n+1)(4n+2) = \frac{1}{6} n(n+1)(2n+1) \end{aligned}$$

5.1.4 수학적 귀납법

어떤 명제 $P(n)$이 자연수 n에 대응될 때, 모든 자연수 n에 대해서 명제 $P(n)$이 참임을 보이려고 한다. 자연수는 무한히 많으므로, 각 자연수마다 일일이 명제

$P(n)$을 증명할 수는 없다. 이런 경우 아래에 나오는 수학적 귀납법을 이용하여 증명할 수 있다. 수학적 귀납법은 정렬성 원리(well ordering principle)를 이용하면 증명할 수 있지만, 증명은 생략하기로 한다.

정리 5.1.25 (수학적 귀납법(mathematical induction))

명제 $P(n)$이 다음 두 조건을 만족하면, $P(n)$은 모든 정수 $n \geq n_0$에서 참이다.

(1) $P(n_0)$가 참이다.

(2) 명제 $P(k)$가 참이면 명제 $P(k+1)$도 참이다. (단, $k \geq n_0$)

예제 5.1.26

모든 자연수 n에 대하여 $n < 2^n$이 성립함을 보여라.

풀이

수학적 귀납법을 이용하여 증명하자.

$p(n)$: $n < 2^n$이라 하자.

(i) $1 < 2^1$이므로 $p(1)$은 참이다.

(ii) $p(n)$이 참이라 가정하면 $n < 2^n$이다.

$$n+1 < 2^n + 1 < 2^n + 2^n = 2 \cdot 2^n = 2^{n+1}$$

따라서 $p(n+1)$은 참이다.

(i), (ii)에 의하여 모든 자연수 n에 대해서 $n < 2^n$이다.

정의 5.1.27 (수열의 귀납적 정의)

수열 $< a_n >$을

(i) 첫째항, (만일 아래 (ii)의 점화식이 이웃한 세항 사이의 관계식이라면 두 번째 항도 필요하다)

(ii) 서로 이웃한 항 사이에 성립하는 관계식(등식)을 이용하여 정의할 때

이것을 **수열 $< a_n >$의 귀납적 정의**라 한다.

특히 (ii)의 관계식을 점화식이라고 부른다는 것을 앞에서 배웠다.

예제 5.1.28

다음과 같이 정의된 수열이 있다. 일반항 a_n과 1항부터 제n항까지의 합 S_n을 구하시오.

(1) $a_1=1,\ a_{n+1}=a_n+3^n$ (2) $a_1=3,\ a_{n+1}=\dfrac{n}{n+1}a_n$

(3) $a_1=2,\ a_{n+1}=2a_n+1$ (4) $a_1=1,\ a_2=2,\ 2a_{n+2}-3a_{n+1}+a_n=0$

(5) $a_1=\dfrac{1}{2},\ a_{n+1}=\dfrac{a_n}{a_n+2}$

풀이

(1)

$k=1$일 때 $a_2=a_1+3^1$

$k=2$일 때 $a_3=a_2+3^2$

$\vdots$ $\vdots$

$k=n-1$일 때 $a_n=a_{n-1}+3^{n-1}$

위 식을 모두 더하면

$$a_n=a_1+3^1+3^2+\cdots+3^{n-1}=1+\sum_{k=1}^{n-1}3^k=1+\frac{3(3^{n-1}-1)}{3-1}=\frac{1}{2}(3^n-1)$$

이다.

(2)

$k=1$일 때 $a_2=\dfrac{1}{2}a_1$

$k=2$일 때 $a_3=\dfrac{2}{3}a_2$

$\vdots$ $\vdots$

$k=n-1$일 때 $a_n=\dfrac{n-1}{n}a_{n-1}$

위 식을 모두 곱하면

$$a_n=\frac{1}{n}a_1=\frac{3}{n}$$

이다.

(3) $a_{n+1}=2a_n+1$의 양변에 1을 더하면 $a_{n+1}+1=2a_n+2=2(a_n+1)$이다. 모든 자연수 n에 대하여 $b_n=a_n+1$으로 놓으면 $b_{n+1}=2b_n,\ b_1=3$을 얻는다. 이는 첫

번째 항이 3이고 공비가 2인 등비수열이다. 따라서 $b_n = 3 \cdot 2^{n-1}$이다. 그러므로 $a_n = 3 \cdot 2^{n-1} - 1$이다.

(4) $2(a_{n+2} - a_{n+1}) - (a_{n+1} - a_n) = 0$ 이므로 모든 자연수 n에 대하여 $b_n = a_{n+1} - a_n$으로 놓으면 $b_{n+1} = \frac{1}{2}b_n$, $b_1 = 1$을 얻는다. 이는 첫 번째 항이 1이고 공비가 $\frac{1}{2}$인 등비수열이다. 따라서 $b_n = \left(\frac{1}{2}\right)^{n-1}$이고 $a_{n+1} = a_n + \left(\frac{1}{2}\right)^{n-1}$를 얻는다.

$k=1$일 때 $\quad a_2 = a_1 + \left(\frac{1}{2}\right)^0$

$k=2$일 때 $\quad a_3 = a_2 + \left(\frac{1}{2}\right)^1$

$\quad\vdots \qquad\qquad \vdots$

$k=n-1$일 때 $\quad a_n = a_{n-1} + \left(\frac{1}{2}\right)^{n-2}$

위 식을 모두 더하면

$$a_n = a_1 + \left(\frac{1}{2}\right)^0 + \left(\frac{1}{2}\right)^1 + \cdots + \left(\frac{1}{2}\right)^{n-2} = 1 + \sum_{k=1}^{n-1}\left(\frac{1}{2}\right)^{k-1} = 1 + \frac{\left(1 - \left(\frac{1}{2}\right)^{n-1}\right)}{1 - \frac{1}{2}}$$

$$= 3 - \left(\frac{1}{2}\right)^{n-2}$$

이다.

(5) 주어진 점화식의 양변을 역수를 취하면 $\frac{1}{a_{n+1}} = \frac{a_n + 2}{a_n} = 1 + \frac{2}{a_n}$이다. 모든 자연수 n에 대하여 $b_n = \frac{1}{a_n}$이라 놓으면 $b_{n+1} = 1 + 2b_n$이다. (3)에 의하여 $b_n = 3 \cdot 2^{n-1} - 1$ 이다. 따라서 $a_n = \frac{1}{3 \cdot 2^{n-1} - 1}$ 이다.

연습문제 5.1

1. 다음 주어진 수열의 일반항을 구하시오.

(1) $\frac{3}{2}, \frac{4}{3}, \frac{5}{4}, \cdots$ (2) $\frac{1}{1 \cdot 3}, \frac{1}{2 \cdot 5}, \frac{1}{3 \cdot 7}, \cdots$ (3) $\frac{1}{2}, \frac{1}{4}, \frac{1}{8}, \cdots$

(4) $51, 55, 59, \cdots$ (5) $-4, 1, -\frac{1}{4}, \frac{1}{16}, \cdots$

(6) 11번째 항이 -17이고 20번째 항이 35인 등차수열

(7) 6번째 항이 -32이고 9번째 항이 256인 등비수열

2. 다음과 같이 귀납적으로 수열이 정의되었을 때 수열의 일반항을 구하시오.

(1) $a_1=1,\ a_{n+1}=a_n+3$　　(2) $a_1=2,\ a_{n+1}=-a_n$

(3) $a_1=3,\ a_{n+1}=a_n+2n$　　(4) $a_1=1,\ a_{n+1}=\frac{n+1}{n}a_n$

(5) $a_1=1,\ a_{n+1}=3a_n+2$　　(6) $a_1=-1,\ a_2=1,\ a_{n+2}-2a_{n+1}+a_n=0$

(7) $a_1=5,\ a_{n+1}=\frac{a_n}{2a_n+3}$

3. 다음의 합을 구하시오.

(1) $2+5+8+\cdots+29$　　(2) $7+7\frac{1}{3}+7\frac{2}{3}+8+\cdots+20$

(3) $5+1-3-7-\cdots(-4n+9)$　　(4) $2+4+8+\cdots+1024$

(5) $8+12+18+27+\cdots+8\cdot\left(\frac{3}{2}\right)^{n-1}$　　(6) $\frac{1}{1\cdot2}+\frac{1}{2\cdot3}+\frac{1}{3\cdot4}\cdots+\frac{1}{10\cdot11}$

(7) $1^2+3^2+5^2+\cdots+21^2$　　(8) $\frac{1}{3}+\frac{2}{3}+\frac{2^2}{3}+\frac{2^3}{3}+\cdots+\frac{2^{n-1}}{3}$

4. 다음의 합을 구하시오.

(1) $\sum_{n=1}^{30}7$　　(2) $\sum_{n=1}^{100}\left(10-\frac{1}{2}n\right)$　　(3) $\sum_{n=1}^{30}(3n-5)$

(4) $\sum_{n=1}^{10}(n-1)^2$　　(5) $\sum_{n=1}^{15}(4n^3-6n^2+3)$　　(6) $\sum_{n=1}^{24}\left(\frac{1}{2}\right)^{n-1}$

(7) $\sum_{n=1}^{n}5\cdot3^{n-1}$　　(8) $\sum_{n=1}^{15}n\cdot3^{n-1}$　　(9) $\sum_{k=1}^{n}(2k+1)\left(\frac{1}{2}\right)^{k-1}$

5. 수학적 귀납법을 이용하여 모든 자연수 n에 대하여 다음이 성립함을 보이시오.

(1) $1^2+2^2+3^2+\cdots n^2=\frac{1}{6}n(n+1)(2n+1)$

(2) n^2+n은 2로 나누어진다.

(3) $a>0$일 때, $(1+a)^n\ge1+na$

5.2 수열의 극한

5.2절에서는 수열의 극한, 무한급수의 정의를 배우고 그 성질을 공부한다. 특히 등비수열의 극한과 무한등비급수에 대해 자세히 공부한다.

5.2.1 수열의 극한

정의 5.2.1 (수열의 수렴, 발산)

(1) 수열 $< a_n >$에서 n이 한없이 커질 때 a_n이 어떤 일정한 값 ℓ에 한없이 가까워지면 수열 $< a_n >$은 ℓ로 **수렴한다**(converge)고 하고 ℓ을 수열 $< a_n >$의 **극한값**(limit)이라 하며 기호로

$$\lim_{n\to\infty} a_n = \ell \text{ 또는 } n\to\infty \text{일 때 } a_n\to\ell$$

로 나타낸다.

(2) 수열 $< a_n >$이 일정한 값에 수렴하지 않을 때 **발산한다**(diverge)고 한다.

특히, n이 한없이 커질 때 a_n의 값이 한없이 커지면 수열 $< a_n >$은 **양의 무한대**로 발산한다고 하며, 이것을 기호로

$$\lim_{n\to\infty} a_n = \infty \text{ 또는 } n\to\infty \text{일 때 } a_n\to\infty$$

로 나타낸다.

또한 n이 한없이 커질 때 a_n의 값이 음수로서 그 절댓값이 한없이 커지면, 수열 $< a_n >$은 **음의 무한대**로 발산한다고 하며, 이것을 기호로

$$\lim_{n\to\infty} a_n = -\infty \text{ 또는 } n\to\infty \text{일 때 } a_n\to-\infty$$

로 나타낸다.

수열 $< a_n >$이 발산은 하지만 양의 무한대로도, 음의 무한대로 발산하지 않으면 수열 $< a_n >$은 **진동**한다고 한다.

정리 5.2.2 (수열의 극한 기본 성질)

수열 $< a_n >$과 $< b_n >$이 수렴하고 c는 상수라고 하면 다음이 성립한다.

(1) $\lim_{n\to\infty} ca_n = c\lim_{n\to\infty} a_n$

(2) $\lim_{n\to\infty}(a_n + b_n) = \lim_{n\to\infty} a_n + \lim_{n\to\infty} b_n$

(3) $\lim_{n\to\infty}(a_n - b_n) = \lim_{n\to\infty} a_n - \lim_{n\to\infty} b_n$

(4) $\lim_{n\to\infty}(a_n b_n) = \lim_{n\to\infty} a_n \cdot \lim_{n\to\infty} b_n$

(5) $\lim_{n\to\infty}\frac{a_n}{b_n} = \frac{\lim_{n\to\infty} a_n}{\lim_{n\to\infty} b_n}$ $(b_n \neq 0,\ \lim_{n\to\infty} b_n \neq 0)$

예제 5.2.3

다음 극한값을 구하시오.

(1) $\lim_{n\to\infty}\frac{3n+1}{n+2}$

(2) $\lim_{n\to\infty}\frac{2n+2}{n^2+1}$

(3) $\lim_{n\to\infty}\frac{n^3-n^2+1}{n^2-2}$

(4) $\lim_{n\to\infty}(\sqrt{n^2+n+1}-n)$

풀이

(1) 분모, 분자를 n으로 나누자. 그러면

$$\lim_{n\to\infty}\frac{3n+1}{n+2} = \lim_{n\to\infty}\frac{3+\frac{1}{n}}{1+\frac{2}{n}} = \frac{\lim_{n\to\infty}3+\lim_{n\to\infty}\frac{1}{n}}{\lim_{n\to\infty}1+\lim_{n\to\infty}\frac{2}{n}} = \frac{3+0}{1+0} = 3$$

이다.

(2) 분모, 분자를 n^2으로 나누자. 그러면

$$\lim_{n\to\infty}\frac{2n+2}{n^2+1} = \lim_{n\to\infty}\frac{\frac{2}{n}+\frac{1}{n^2}}{1+\frac{1}{n^2}} = \frac{\lim_{n\to\infty}\frac{2}{n}+\lim_{n\to\infty}\frac{1}{n^2}}{\lim_{n\to\infty}1+\lim_{n\to\infty}\frac{1}{n^2}} = \frac{0+0}{1+0} = 0$$

이다.

(3) 분모, 분자를 n^2으로 나누자. 그러면

$$\lim_{n\to\infty}\frac{n^3-n+2}{n^2-2} = \lim_{n\to\infty}\frac{n-\frac{1}{n}+\frac{2}{n^2}}{1-\frac{2}{n^2}} = \infty$$

(4) 분모, 분자에 $\sqrt{n^2+n+1}+n$을 곱하자. 그러면

$$\lim_{n\to\infty}(\sqrt{n^2+n+1}-n) = \lim_{n\to\infty}\frac{(\sqrt{n^2+n+1}-n)(\sqrt{n^2+n+1}+n)}{(\sqrt{n^2+n+1}+n)}$$

$$= \lim_{n\to\infty}\frac{n+1}{\sqrt{n^2+n+1}+n} = \lim_{n\to\infty}\frac{1+\frac{1}{n}}{\sqrt{1+\frac{1}{n}+\frac{1}{n^2}}+1} = \frac{1}{2}$$

이다.

정리 5.2.4 (조임 정리(샌드위치 정리))

세 수열 $< a_n >$, $< b_n >$, $< c_n >$에 대해서, n이 충분히 클 때

$$a_n \le b_n \le c_n$$

이고 $\lim_{n\to\infty} a_n = \lim_{n\to\infty} c_n = \ell$이면

$$\lim_{n\to\infty} b_n = \ell$$

이 성립한다.

예제 5.2.5

다음 극한을 구하시오.

$$\lim_{n\to\infty} \frac{1}{n}\sin n$$

풀이

모든 자연수 n에 대하여 $-1 \le \sin n \le 1$이 성립한다. 이 식에 $\frac{1}{n}$을 곱하면

$$-\frac{1}{n} \le \frac{1}{n}\sin n \le \frac{1}{n}$$

을 얻는다. $\lim_{n\to\infty}\left(-\frac{1}{n}\right) = 0$ 그리고 $\lim_{n\to\infty}\frac{1}{n} = 0$이므로 조임정리에 의하여

$\lim_{n\to\infty}\frac{1}{n}\sin n = 0$이 성립한다.

정리 5.2.6

수열 $< a_n >$에 대해서 $\lim_{n\to\infty} a_n = 0$이면, $\lim_{n\to\infty}|a_n| = 0$이다.

증명

모든 자연수 n에 대하여 $0 \le a_n + |a_n| \le 2a_n$이 성립한다. $\lim_{n\to\infty} 0 = 0$이고

$\lim_{n\to\infty} 2a_n = 2\lim_{n\to\infty} a_n = 0$이므로 조임정리에 의해 $\lim_{n\to\infty}(a_n + |a_n|) = 0$이 성립한다.

$\lim_{n\to\infty} a_n = 0$이고 $\lim_{n\to\infty}(a_n + |a_n|) = 0$이므로 극한법칙에 의하여

$$\lim_{n\to\infty}|a_n| = \lim_{n\to\infty}(a_n + |a_n| - a_n) = \lim_{n\to\infty}(a_n + |a_n|) - \lim_{n\to\infty} a_n = 0 - 0 = 0$$

이 성립한다.

정리 5.2.7 (무한등비수열의 극한)

(1) $-1 < r < 1$일 때 $\lim_{n\to\infty} r^n = 0$

(2) $r = 1$일 때 $\lim_{n\to\infty} r^n = 1$

(3) $r > 1$일 때 $\lim_{n\to\infty} r^n = \infty$

(4) $r \leqq -1$일 때 $\lim_{n\to\infty} r^n$ 은 진동한다.

증명

(1) (i) $0 < r < 1$일 때,

$a = \frac{1}{r} - 1$로 놓자. 그러면 $a > 0$이므로 모든 자연수 n에 대하여

$$\frac{1}{r^n} = (1+a)^n \geq 1 + na > na$$

가 성립한다(연습문제 5.1절 5 (3)). 따라서 모든 자연수 n에 대하여

$$0 < r^n < \frac{1}{na}$$

이다. $\lim_{n\to\infty} 0 = 0$이고 $\lim_{n\to\infty} \frac{1}{na} = 0$이므로 조임 정리에 의해 $\lim_{n\to\infty} r^n = 0$이다.

(ii) $-1 < r < 0$일 때

$-|r|^n \leq r^n \leq |r|^n$이 성립한다. $\lim_{n\to\infty} -|r|^n = 0$ 이고 $\lim_{n\to\infty} |r|^n = 0$ 이므로 역시 조임 정리에 의해 $\lim_{n\to\infty} r^n = 0$이다.

(iii) $r = 0$인 경우는 자명하게 성립한다.

(2), (3), (4)의 증명도 쉽게 보일 수 있다.

예제 5.2.8

다음 극한값을 구하시오.

$$\lim_{n\to\infty} \frac{3^n + 2^n}{3^n - 2^n}$$

풀이

분모, 분자를 3^n으로 나누면

$$\lim_{n\to\infty} \frac{3^n + 2^n}{3^n - 2^n} = \lim_{n\to\infty} \frac{1 + \left(\frac{2}{3}\right)^n}{1 - \left(\frac{2}{3}\right)^n} = \frac{\lim_{n\to\infty} 1 + \lim_{n\to\infty}\left(\frac{2}{3}\right)^n}{\lim_{n\to\infty} 1 - \lim_{n\to\infty}\left(\frac{2}{3}\right)^n} = \frac{1+0}{1-0} = 1$$

5.2.2 급수

정의 5.2.9 (무한급수, 부분합)

(1) 수열 $< a_n >$의 각 항을 덧셈 기호 +로 연결한

$$a_1 + a_2 + \cdots + a_n + \cdots$$

을 **무한급수**(infinite series) 또는 **급수**(series)라고 한다. 위의 급수에 대하여 $\sum$ 을 이용하여

$$\sum_{n=1}^{\infty} a_n$$

으로 나타낸다.

(2) 무한급수 $\sum_{n=1}^{\infty} a_n$에서 1항부터 n항까지의 합

$$S_n = \sum_{k=1}^{n} a_k = a_1 + a_2 + \cdots + a_n$$

을 이 급수의 **부분합**(partial sum)이라 한다.

예제 5.2.10

다음 무한급수의 부분합을 구하시오.

$$\sum_{n=1}^{\infty} \frac{1}{n(n+1)}$$

풀이

모든 자연수 n에 대하여

$$\frac{1}{k(k+1)} = \frac{1}{k} - \frac{1}{k+1}$$

이 성립한다. 따라서

$$\sum_{k=1}^{n} \frac{1}{k(k+1)} = \sum_{k=1}^{n} \left(\frac{1}{k} - \frac{1}{k+1}\right) = \left(1 - \frac{1}{2}\right) + \left(\frac{1}{2} - \frac{1}{3}\right) + \cdots \left(\frac{1}{n} - \frac{1}{n+1}\right) = 1 - \frac{1}{n+1}$$ 이다.

정의 5.2.11 (무한급수의 수렴)

무한급수 $\sum_{n=1}^{\infty} a_n$의 부분합 S_n을 항으로 하는 수열

$$S_1,\ S_2,\ S_3,\ \cdots,\ S_n,\ \cdots$$

이 S로 수렴하면 무한급수 $\sum_{n=1}^{\infty} a_n$이 S로 **수렴한다**(converge)고 하고

$$\sum_{n=1}^{\infty} a_n = S$$

로 나타낸다. 이때 S를 급수 $\sum_{n=1}^{\infty} a_n$의 **합**이라고 한다.

또 수열 $< S_n >$이 발산할 때 $\sum_{n=1}^{\infty} a_n$도 **발산한다**(diverge)고 한다.

특히 $\lim_{n\to\infty} S_n = \infty$일 때 $\sum_{n=1}^{\infty} a_n = \infty$, $\lim_{n\to\infty} S_n = -\infty$일 때 $\sum_{n=1}^{\infty} a_n = -\infty$로 나타낸다.

예제 5.2.12

다음 무한급수의 수렴, 발산을 조사하여라.

$$\sum_{n=1}^{\infty} \frac{1}{n(n+1)}$$

풀이

임의의 자연수 n에 대하여

$$\sum_{k=1}^{n} \frac{1}{k(k+1)} = 1 - \frac{1}{n+1}$$

이므로

$$\sum_{n=1}^{\infty} \frac{1}{n(n+1)} = \lim_{n\to\infty}\left(1 - \frac{1}{n+1}\right) = 1$$

이다. 따라서 무한급수 $\sum_{n=1}^{\infty} \frac{1}{n(n+1)}$은 수렴하고 그 합은 1이다.

이제 기하급수(무한등비급수)의 수렴성을 생각해보자.

첫째항이 a이고 공비가 r인 무한등비급수 ar^{n-1}에서 얻은 무한급수

$$\sum_{n=1}^{\infty} ar^{n-1} = a + ar + ar^2 + \cdots$$

를 무한등비급수라 한다. 무한등비급수의 부분합은

$$S_n = a + ar + ar^2 + \cdots + ar^{n-1}$$
$$= \begin{cases} \dfrac{a(1-r^n)}{1-r}, & r \neq 1 \\ na & r = 1 \end{cases}$$ 이다.

$$\lim_{n\to\infty} r^n = \begin{cases} 0, & |r|<1 \\ \text{발산}, & r>1 \text{ 또는 } r\le -1 \end{cases} \text{ 이므로}$$

$$S_n = \begin{cases} \dfrac{a}{1-r}, & |r|<1 \\ \text{발산}, & r=1 \\ \text{발산}, & r>1 \text{ 또는 } r\le -1 \end{cases} \quad \text{이다.}$$

정리 5.2.13 (무한등비급수의 합)

무한등비급수의 합은

$$S_n = \begin{cases} \dfrac{a}{1-r}, & |r|<1 \\ \text{발산}, & |r|\ge 1 \end{cases} \quad \text{이다.}$$

예제 5.2.14

무한등비급수 $\sum_{n=1}^{\infty} \frac{2}{3^n}$의 값을 구하라.

풀이

주어진 등비수열의 첫째항은 $\frac{2}{3}$이고 공비는 $\frac{1}{3}$이다. 따라서 이 무한등비급수는 수렴하고 그 합은

$$\sum_{n=1}^{\infty} \frac{2}{3^n} = \frac{\frac{2}{3}}{1-\frac{1}{3}} = 1 \text{ 이다.}$$

예제 5.2.15

다음 무한등비급수가 수렴하도록 x값의 범위를 정하여라.

$$\sum_{n=1}^{\infty} \left(\frac{x}{2}\right)^n (x-1)^{n-1}$$

풀이

$\sum_{n=1}^{\infty} \left(\frac{x}{2}\right)^n (x-1)^{n-1} = \sum_{n=1}^{\infty} \frac{x}{2} \left(\frac{x(x-1)}{2}\right)^{n-1}$ 이 수렴할 조건은 $\frac{x}{2}=0$ 또는 $-1<\frac{x(x-1)}{2}<1$ 이다. 따라서 $-1<x<2$이다.

정리 5.2.16 (발산 판정법(Divergence Test)

(1) 급수 $\sum_{n=1}^{\infty} a_n$이 수렴하면 $\lim_{n\to\infty} a_n = 0$이다.

(2) $\lim_{n\to\infty} a_n$이 존재하지 않거나 $\lim_{n\to\infty} a_n \neq 0$이면 급수 $\sum_{n=1}^{\infty} a_n$이 발산한다.

증명

(1) $S_n = a_1 + a_2 + \cdots + a_n$이라 하자. 그러면 $a_n = S_n - S_{n-1}$ $(n \geq 2)$이다. $\sum_{n=1}^{\infty} a_n$이 수렴하므로, 수열 $< S_n >$은 수렴한다. $\lim_{n\to\infty} S_n = S$ 이라 하면

$\lim_{n\to\infty} a_n = \lim_{n\to\infty}(S_n - S_{n-1}) = \lim_{n\to\infty} S_n - \lim_{n\to\infty} S_{n-1} = S - S = 0$ 이다.

(2) (1)의 대우명제를 이용하자.

급수 $\sum_{n=1}^{\infty} a_n$와 관계있는 수열은 $< a_n >$, $< S_n >$이 있다. $\sum_{n=1}^{\infty} a_n$이 S로 수렴하면 $\lim_{n\to\infty} S_n = S$ 그리고 $\lim_{n\to\infty} a_n = 0$이다.

위 정리 (1)의 역은 성립하지 않는다.

예를 들어, $\sum_{n=1}^{\infty} \frac{1}{n}$는 발산하지만 $\lim_{n\to\infty} \frac{1}{n} = 0$이다(예제 5.2.19 참고).

예제 5.2.17

급수 $\sum_{n=1}^{\infty} \frac{n^2}{5n^2+4}$의 수렴, 발산 여부를 판정하시오.

풀이

$a_n = \frac{n^2}{5n^2+4}$라고 하자.

$$\lim_{n\to\infty} a_n = \lim_{n\to\infty} \frac{n^2}{5n^2+4} = \lim_{n\to\infty} \frac{1}{5+4/n^2} = \frac{1}{5} \neq 0$$

따라서 발산 판정법에 의하여 주어진 급수는 발산한다.

예제 5.2.18

다음 무한급수의 수렴, 발산 여부를 판정하시오.

$$\sum_{n=1}^{\infty} (-1)^n$$

풀이

극한 $\lim_{n\to\infty}(-1)^n$이 존재하지 않으므로 발산 판정법에 의하여 주어진 급수는 발산한다.

위 예제에서 급수의 수렴성을 판정할 때 덧셈의 순서를 바꿀 수 없음을 보여준다. 예를 들면,

$$(-1+1)+(-1+1)+\cdots=0$$

과 같이 급수의 합을 구할 수 없다.

예제 5.2.19 (조화급수(Harmonic Series))

조화급수

$$\sum_{n=1}^{\infty}\frac{1}{n}=1+\frac{1}{2}+\frac{1}{3}+\cdots+\frac{1}{n}+\cdots=\infty$$

임을 보이시오.

풀이

주어진 조화급수의 부분합의 수열을 $< S_n >$이라고 하면

$$S_2=1+\frac{1}{2}$$

$$S_4=S_2+\frac{1}{3}+\frac{1}{4}>S_2+2\cdot\frac{1}{4}=1+\frac{2}{2}$$

$$S_8=S_4+\frac{1}{5}+\frac{1}{6}+\frac{1}{7}+\frac{1}{8}>S_4+4\cdot\frac{1}{8}=1+\frac{3}{2}$$

$$\vdots$$

일반적으로, 임의의 자연수 n에 대하여

$$S_{2^n}>S_{2^{n-1}}+2^{n-1}\cdot\frac{1}{2^n}>1+\frac{n}{2}$$

이 성립한다. 따라서 $\lim_{n\to\infty}S_{2^n}=\infty$이다. 이 사실로부터 $\lim_{n\to\infty}S_n=\infty$임을 알 수 있다.

정리 5.2.20 (선형성(Linearity))

두 급수 $\sum_{n=1}^{\infty}a_n$과 $\sum_{n=1}^{\infty}b_n$이 수렴하면, $\sum_{n=1}^{\infty}ca_n$(c는 상수), $\sum_{n=1}^{\infty}(a_n+b_n)$, $\sum_{n=1}^{\infty}(a_n-b_n)$는 수렴한다. 또한 다음이 성립한다.

(1) $\sum_{n=1}^{\infty}ca_n=c\sum_{n=1}^{\infty}a_n$

(2) $\sum_{n=1}^{\infty}(a_n+b_n)=\sum_{n=1}^{\infty}a_n+\sum_{n=1}^{\infty}b_n$

(3) $\sum_{n=1}^{\infty}(a_n - b_n) = \sum_{n=1}^{\infty}a_n - \sum_{n=1}^{\infty}b_n$

증명

(2) 두 급수 $\sum_{n=1}^{\infty}a_n$과 $\sum_{n=1}^{\infty}b_n$이 수렴하므로 $S=\sum_{n=1}^{\infty}a_n$, $T=\sum_{n=1}^{\infty}b_n$이라 하자. 또 $S_n = \sum_{k=1}^{n}a_k$, $T_n = \sum_{k=1}^{n}b_k$이라 하자. 급수 $\sum_{n=1}^{\infty}(a_n + b_n)$의 n항까지의 부분합을 $P_n = \sum_{k=1}^{n}(a_k + b_k)$이라 하면 다음이 성립한다.

$$\lim_{n\to\infty}P_n = \lim_{n\to\infty}\sum_{k=1}^{n}(a_k + b_k) = \lim_{n\to\infty}\left(\sum_{k=1}^{n}a_k + \sum_{k=1}^{n}b_k\right)$$
$$= \lim_{n\to\infty}(S_n + T_n) = \lim_{n\to\infty}S_n + \lim_{n\to\infty}T_n = S + T$$

따라서 $\sum_{n=1}^{\infty}(a_n + b_n)$는 수렴하고

$$\sum_{n=1}^{\infty}(a_n + b_n) = S + T = \sum_{n=1}^{\infty}a_n + \sum_{n=1}^{\infty}b_n$$

이다.

(1), (3)은 위와 마찬가지 방법으로 증명할 수 있다.

예제 5.2.21

무한급수 $\sum_{n=1}^{\infty}\frac{2^n + 3^n}{5^n}$의 합을 구하시오.

풀이

등비수열 $<\left(\frac{2}{5}\right)^n>$의 공비는 $\frac{2}{5}$이고 등비수열 $<\left(\frac{3}{5}\right)^n>$의 공비는 $\frac{3}{5}$이어서 급수 $\sum_{n=1}^{\infty}\left(\frac{2}{5}\right)^n$와 $\sum_{n=1}^{\infty}\left(\frac{3}{5}\right)^n$은 수렴하고 그 합은 각각 $\frac{2}{3}$이고 $\frac{3}{2}$이다. 따라서

$$\sum_{n=1}^{\infty}\frac{2^n + 3^n}{5^n} = \sum_{n=1}^{\infty}\left(\frac{2}{5}\right)^n + \sum_{n=1}^{\infty}\left(\frac{3}{5}\right)^n = \frac{2}{3} + \frac{3}{2} = \frac{13}{6}$$

이다.

예제 5.2.22

급수 $\sum_{n=1}^{\infty}\left(\frac{1}{n(n+1)} + \frac{1}{3^n}\right)$의 합을 구하시오.

풀이

급수 $\sum_{n=1}^{\infty}\frac{1}{3^n}$는 공비가 $\frac{1}{3}$의 무한등비급수이므로 수렴하고

$$\sum_{n=1}^{\infty}\frac{1}{3^n}=\frac{\frac{1}{3}}{1-\frac{1}{3}}=\frac{1}{2}$$

이다. 또한 급수 $\sum_{n=1}^{\infty}\frac{1}{n(n+1)}$도 앞 예제에 의해 수렴하고

$$\sum_{n=1}^{\infty}\frac{1}{n(n+1)}=1 \text{이다. 따라서}$$

$$\sum_{n=1}^{\infty}\left(\frac{1}{n(n+1)}+\frac{1}{3^n}\right)=\sum_{n=1}^{\infty}\frac{1}{n(n+1)}+\sum_{n=1}^{\infty}\frac{1}{3^n}=1+\frac{1}{2}=\frac{3}{2}$$

이다.

5.2.3 급수의 수렴판정법

정의 5.2.23 (p-급수)

급수 $\sum_{n=1}^{\infty}\frac{1}{n^p}$을 보통 p-**급수**라고 부르고 특히 $p=1$인 경우는 **조화급수**라고 부른다.

다음은 p-급수의 수렴성에 대한 결과이다.

정리 5.2.24 (p-급수의 수렴성)

급수 $\sum_{n=1}^{\infty}\frac{1}{n^p}$은 $p>1$이면 수렴하고 $0<p\le 1$이면 발산한다.

정의 5.2.25 (교대급수)

일반항이 0이 아닌 급수 $\sum_{n=1}^{\infty}a_n$이 모든 자연수 n에 대해서 a_{n+1}의 부호와 a_n의 부호가 반대이면 **교대급수**(alternating series)라고 부른다. (일반항의 부호가 교대로 나타난다.)

무한급수 $\sum_{n=1}^{\infty}a_n$이 교대급수라고 하고 $b_n=|a_n|$이라고 하자. 그러면 교대급수 $\sum_{n=1}^{\infty}a_n$은 다음의 두 가지 형태 중의 하나이다.

$$\sum_{n=1}^{\infty}(-1)^n b_n=-b_1+b_2-b_3+\cdots+(-1)^n b_n+\cdots$$

또는 $\sum_{n=1}^{\infty}(-1)^{n-1}b_n = b_1 - b_2 + b_3 - \cdots + (-1)^{n-1}b_n + \cdots$

정리 5.2.26 (교대급수 판정법)

교대급수 $\sum_{n=1}^{\infty}a_n$에 대하여 $b_n = |a_n|$이라고 하자. 만약

(i) 모든 자연수 n에 대하여 $b_n \geq b_{n+1}$

(ii) $\lim_{n\to\infty} b_n = 0$

이 성립하면 교대급수 $\sum_{n=1}^{\infty}a_n$은 수렴한다.

예제 5.2.27 교대급수

$1 - \frac{1}{2} + \frac{1}{3} - \frac{1}{4} + \cdots = \sum_{n=1}^{\infty}\frac{(-1)^{n-1}}{n}$ 가 수렴함을 보이시오.

풀이

(i) $\frac{1}{n+1} < \frac{1}{n}$이기 때문에 $b_{n+1} \leq b_n$가 성립한다.

(ii) $\lim_{n\to\infty} b_n = \lim_{n\to\infty}\frac{1}{n} = 0$

따라서 교대급수 판정법에 의하여 주어진 교대급수는 수렴한다.

정리 5.2.28 (비판정법)

무한급수 $\sum_{n=1}^{\infty}a_n$에서 $\lim_{n\to\infty}\left|\frac{a_{n+1}}{a_n}\right| = r$ 일 때

(1) $r > 1$이면 $\sum_{n=1}^{\infty}a_n$은 발산한다.

(2) $r < 1$이면 $\sum_{n=1}^{\infty}a_n$은 수렴한다.

(3) $r = 1$이면 비판정으로는 급수의 수렴, 발산 여부를 판단할 수 없다.

비판정법은 $r = 1$인 경우에는 급수의 수렴과 발산에 대해서 어떠한 정보도 주지 않는다. 즉, 이런 경우 주어진 급수는 수렴할 수도 혹은 발산할 수도 있다. 예를 들어, p-급수를 살펴보면 p값에 관계없이 비의 극한 r은 1이 되지만 p-급수는 수렴할 수도 발산할 수도 있다.

예제 5.2.29

급수 $\sum_{n=1}^{\infty}\frac{n^3}{3^n}$의 수렴 여부를 판별하여라.

풀이

$a_n=\frac{n^3}{3^n}$이라 하자.

$$\lim_{n\to\infty}\frac{\frac{(n+1)^3}{3^{n+1}}}{\frac{n^3}{3^n}}=\lim_{n\to\infty}\frac{3^n\cdot(n+1)^3}{3^{n+1}\cdot n^3}=\lim_{n\to\infty}\frac{1}{3}\left(1+\frac{1}{n}\right)^3=\frac{1}{3}<1$$

이므로 비판정법에 의하여 수렴한다.

연습문제 5.2

1. 다음 극한을 구하시오.

(1) $\lim_{n\to\infty}\frac{2n^2+n}{5n^2+1}$ (2) $\lim_{n\to\infty}\frac{3n^2+1}{n+1}$ (3) $\lim_{n\to\infty}\frac{n^2+1}{n^3-1}$

(4) $\lim_{n\to\infty}\frac{3^n}{5^n+2}$ (4) $\lim_{n\to\infty}\frac{7^n}{2^n-1}$ (5) $\lim_{n\to\infty}\frac{2\cdot 3^n+5}{3^n-4}$

(7) $\lim_{n\to\infty}\left(2+\left(\frac{1}{3}\right)^n\right)$ (8) $\lim_{n\to\infty}\cos n$ (9) $\lim_{n\to\infty}\left(\sin\frac{\pi}{2n}+1\right)$

(10) $\lim_{n\to\infty}e^{\frac{2n+1}{n+2}}$ (11) $\lim_{n\to\infty}\left(1+\frac{3}{n}\right)^n$ (12) $\lim_{n\to\infty}\sqrt[n]{n}$

2. 다음 극한이 수렴하는지 발산하는지 여부를 판단하시오.

$$\lim_{n\to\infty}\frac{n!}{n^n}$$

3. 다음 주어진 무한등비급수가 수렴하는지 발산하는지 여부를 판단하고 수렴한다면 그 극한값을 구하시오.

(1) $\sum_{n=1}^{\infty}\frac{1}{\sqrt{n+2}+\sqrt{n+1}}$ (2) $\sum_{n=1}^{\infty}\frac{1}{n(n+1)}$

(3) $\sum_{n=1}^{\infty}\frac{1}{1+2+3+\cdots+n}$ (4) $\frac{1}{1\cdot 3}+\frac{1}{2\cdot 4}+\frac{1}{3\cdot 5}+\cdots$

(5) $\sum_{n=1}^{n} \frac{2n+3}{n+1}$

(6) $\sum_{n=1}^{\infty} \left(\cos\frac{1}{n} - \cos\frac{1}{n+1}\right)$

4. 다음 주어진 무한등비급수가 수렴하는지 발산하는지 여부를 판단하고 수렴한다면 그 극한 값을 구하시오.

(1) $1 - \frac{1}{3} + \frac{1}{9} - \frac{1}{27} \cdots$

(2) $1 - 1 + 1 - 1 + 1 - \cdots$

(3) $\frac{1}{2^5} + \frac{1}{2^7} + \frac{1}{2^9} + \cdots$

(4) $5 - 5(1.2) + 5(1.2)^2 - 5(1.2)^3 + \cdots$

(5) $1 - \frac{1}{\sqrt{2}} + \frac{1}{2} - \frac{1}{2\sqrt{2}} + \cdots$

(6) $\frac{2}{3} + \frac{4}{9} + \frac{8}{27} + \cdots$

(7) $\sum_{n=1}^{\infty} \left(\frac{1}{2}\right)^n \cos\frac{n}{2}\pi$

(8) $\ln\sqrt{2} + \ln\sqrt{\sqrt{2}} + \ln\sqrt{\sqrt{\sqrt{2}}} + \cdots$

5. 다음의 순환소수를 분수의 꼴로 표현하여라.

(1) $0.555 \cdots$

(2) $0,12333 \cdots$

6. 다음 주어진 무한등비급수가 수렴할 필요충분조건을 구하시오.

(1) $\sum_{n=1}^{\infty} \left(\frac{\sqrt{2}}{3}x\right)^{n-1}$

(2) $\sum_{n=1}^{\infty} \left(\frac{x}{3}\right)^{n-1} (x-1)^n$

7. 다음 주어진 급수가 수렴하는지 발산하는지 여부를 판단하시오.

(1) $\sum_{n=1}^{\infty} \frac{n}{3^n}$

(2) $\sum_{n=1}^{\infty} \frac{n!}{5^n}$

(3) $\sum_{n=1}^{\infty} \frac{2^n}{(n+1)!}$

(4) $\frac{2}{3} + \frac{2 \cdot 6}{3 \cdot 5} + \frac{2 \cdot 6 \cdot 10}{3 \cdot 5 \cdot 7} + \frac{2 \cdot 6 \cdot 10 \cdot 14}{3 \cdot 5 \cdot 7 \cdot 9} + \cdots$

(5) $\sum_{n=1}^{\infty} (-1)^n \frac{1}{2n+1}$

(6) $\sum_{n=1}^{\infty} (-1)^{n-1} \frac{5n-1}{2n+1}$

(7) $\sum_{n=1}^{\infty} \frac{(-1)^n}{3^n}$

6

행렬

6.1 행렬과 연산

다음과 같은 성적표가 있다.

	국어	영어	수학
갑	90	75	85
을	80	85	95

위의 표에서 점수만을 뽑아서 양쪽에 괄호를 붙여 한 묶음으로 나타내면

$$\begin{pmatrix} 90 & 75 & 85 \\ 80 & 85 & 95 \end{pmatrix}$$

과 같다. 이와 같은 상황을 다음과 같이 정의할 수 있다.

정의 6.1.1

(1) 행렬: 수 또는 문자를 직사각형 모양으로 배열하여 괄호로 묶은 것을 **행렬**이라 한다.

(2) 성분: 행렬을 이루는 각각의 수 또는 문자를 그 행렬의 **성분**이라 한다.

(3) 행과 열: 행렬에서 가로줄을 **행**이라 하고, 위에서부터 차례로 1행, 2행, …이라 하며, 세로줄을 **열**이라 하고, 왼쪽에서부터 차례로 1열, 2열, …이라 한다.

$$\begin{matrix} & \text{1열} & \text{2열} & \text{3열} \\ & \downarrow & \downarrow & \downarrow \\ \text{1행} \rightarrow & 90 & 75 & 85 \\ \text{2행} \rightarrow & 80 & 85 & 95 \end{matrix}$$

(4) $m \times n$ 행렬 : 행의 개수가 m개, 열의 개수가 n개인 행렬을 $m \times n$ **행렬**이라 한다. 특히 행의 개수와 열의 개수가 같은 행렬을 정사각행렬이라 하고, 행과 열의 개수가 모두 n개인 $n \times n$ **행렬**을 n**차 정사각행렬**이라 한다.

예제 6.1.2

다음 행렬의 모양을 말하시오.

(1) $\begin{pmatrix} 5 \\ -6 \end{pmatrix}$ 2×1 행렬

(2) $\begin{pmatrix} 1 & 3 & 3 \end{pmatrix}$ 1×3 행렬

(3) $\begin{pmatrix} 0 & -1 \\ 2 & 7 \\ 4 & -3 \end{pmatrix}$ 3×2 행렬

(4) $\begin{pmatrix} 4 & -2 & 3 \\ 9 & 1 & 5 \\ 8 & 0 & 7 \end{pmatrix}$ 3×3 행렬 (또는 3차 정사각행렬)

일반적으로 행렬을 한 문자를 사용하여 나타낼 때에는 대문자 A, B, C, $\cdots$로 나타내고, 행렬의 성분은 소문자 a, b, c, $\cdots$로 나타낸다.

(1) 행렬에서 i행과 j열이 만나는 곳에 위치한 성분을 행렬의 $(i,\ j)$성분이라 한다.

$$\begin{array}{c} j\text{열} \\ i\text{행}\begin{pmatrix} & \vdots & \\ \cdots & a_{ij} & \cdots \\ & \vdots & \end{pmatrix} \end{array}$$

(2) 행렬 A의 $(i,\ j)$성분은 a_{ij}로 나타내며, 행렬 A를 간단하게 $A=(a_{ij})$로 나타낸다. 예를 들어, 행렬 A가 2×3 행렬인 경우 $A=\begin{pmatrix} a_{11} & a_{12} & a_{13} \\ a_{21} & a_{22} & a_{23} \end{pmatrix}$과 같이 나타낸다.

예제 6.1.3

행렬 $A=\begin{pmatrix} 4 & 1 & 5 \\ 9 & 7 & 2 \\ 0 & 3 & 8 \end{pmatrix}$에서 다음을 구하시오.

(1) $(1,\ 2)$성분$=1$

(2) $(2,\ 3)$성분$=2$

(3) $a_{31}=0$

(4) $a_{33}=8$

정의 6.1.4

(1) 두 행렬의 행의 개수와 열의 개수가 서로 같을 때, 이 두 행렬을 **같은 꼴**이라고 한다.

(2) 두 행렬 A와 B가 같은 꼴이고, 대응하는 성분이 모두 같으면 **A와 B는 같다**고 하고 $A=B$로 나타낸다.

예를 들어, 같은 꼴인 두 행렬

$$A=\begin{pmatrix} a_{11} & a_{12} \\ a_{21} & a_{22} \end{pmatrix}, \quad B=\begin{pmatrix} b_{11} & b_{12} \\ b_{21} & b_{22} \end{pmatrix}$$

에 대하여 $A=B$이면 $a_{11}=b_{11}$, $a_{12}=b_{12}$, $a_{21}=b_{21}$, $a_{22}=b_{22}$이다.

예제 6.1.5

두 행렬 $A=\begin{pmatrix} 3a & 2 \\ 7 & b-1 \end{pmatrix}$, $B=\begin{pmatrix} 6 & c-d \\ 2c+d & 5 \end{pmatrix}$에 대하여 $A=B$가 성립할 때 상수 a, b, c, d의 값을 구하시오.

풀이

행렬이 같으면 대응하는 성분이 모두 같아야 하므로

$$3a=6,\ 2=c-d,\ 7=2c+d,\ b-1=5$$

이다. 따라서 $a=2$, $b=6$, $c=3$, $d=1$이다.

행렬의 덧셈과 뺄셈

두 행렬 A와 B가 같은 꼴일 때, A와 B의 대응하는 성분의 합을 각 성분으로 하는 행렬을 A와 B의 합이라 하고, 기호로 $A+B$로 나타낸다. 그리고 A의 각 성분에서 그에 대응하는 B의 성분을 뺀 차를 각 성분으로 하는 행렬을 A에서 B를 뺀 차라 하고 $A-B$로 나타낸다.

두 행렬 A, B가 2×2 행렬일 때, $A+B$와 $A-B$는 각각 다음과 같다.

정의 6.1.6

$A=\begin{pmatrix} a_{11} & a_{12} \\ a_{21} & a_{22} \end{pmatrix}$, $B=\begin{pmatrix} b_{11} & b_{12} \\ b_{21} & b_{22} \end{pmatrix}$일 때,

$$A+B=\begin{pmatrix} a_{11}+b_{11} & a_{12}+b_{12} \\ a_{21}+b_{21} & a_{22}+b_{22} \end{pmatrix}$$
$$A-B=\begin{pmatrix} a_{11}-b_{11} & a_{12}-b_{12} \\ a_{21}-b_{21} & a_{22}-b_{22} \end{pmatrix}$$

이다.

주의

(1) 행렬의 덧셈과 뺄셈은 두 행렬이 같은 꼴일 때만 정의된다.

(2) 행렬 A와 B가 $m\times n$ 행렬이면 $A+B$, $A-B$도 $m\times n$ 행렬이다.

예제 6.1.7

$A=\begin{pmatrix} 2 & 4 \\ 0 & 1 \end{pmatrix}$, $B=\begin{pmatrix} -3 & 4 \\ 6 & 8 \end{pmatrix}$일 때, 다음을 구하시오.

(1) $A+B$ (2) $A-B$

풀이

(1) $A+B=\begin{pmatrix} 2 & 4 \\ 0 & 1 \end{pmatrix}+\begin{pmatrix} -3 & 4 \\ 6 & 8 \end{pmatrix}=\begin{pmatrix} 2+(-3) & 4+4 \\ 0+6 & 1+8 \end{pmatrix}=\begin{pmatrix} -1 & 8 \\ 6 & 9 \end{pmatrix}$

(2) $A-B=\begin{pmatrix} 2 & 4 \\ 0 & 1 \end{pmatrix}-\begin{pmatrix} -3 & 4 \\ 6 & 8 \end{pmatrix}=\begin{pmatrix} 2-(-3) & 4-4 \\ 0-6 & 1-8 \end{pmatrix}=\begin{pmatrix} 5 & 0 \\ -6 & -7 \end{pmatrix}$

정리 6.1.8

같은 꼴의 행렬 A, B, C에 대하여 다음 법칙이 성립한다.

(1) 교환법칙 : $A+B=B+A$

(2) 결합법칙 : $(A+B)+C=A+(B+C)$

정의 6.1.9

행렬의 모든 성분이 0인 행렬을 **영행렬**이라 하고, 기호 O로 쓴다.
다음의 각 행렬은 영행렬이다.

$$\begin{pmatrix} 0 & 0 \\ 0 & 0 \end{pmatrix},\ \begin{pmatrix} 0 & 0 & 0 \\ 0 & 0 & 0 \end{pmatrix},\ \begin{pmatrix} 0 & 0 & 0 \end{pmatrix}$$

행렬 A와 영행렬 O가 같은 꼴일 때

$$A+O=O+A=A$$

이므로, 영행렬은 행렬의 덧셈에 대한 항등원이다.

행렬 A의 모든 성분의 부호를 바꾼 행렬을 $-A$로 나타내고, 일반적으로

$$A+(-A)=(-A)+A=O$$

이 성립한다. 예를 들어, $A=\begin{pmatrix} 2 & -1 \\ 4 & 7 \end{pmatrix}$일 때 $-A=\begin{pmatrix} -2 & 1 \\ -4 & -7 \end{pmatrix}$이므로

$$A+(-A)=\begin{pmatrix} 2 & -1 \\ 4 & 7 \end{pmatrix}+\begin{pmatrix} -2 & 1 \\ -4 & -7 \end{pmatrix}=\begin{pmatrix} 0 & 0 \\ 0 & 0 \end{pmatrix}=O$$

이다. 따라서 $-A$는 행렬 A의 덧셈에 대한 역원이다.

같은 꼴의 행렬 A와 B에 대하여 $A+(-B)=A-B$이다.

행렬의 실수배

행렬 A의 각 성분에 실수 k를 곱한 것을 성분으로 하는 행렬을 행렬 A의 k배라 하고, 이것을 kA로 나타낸다.

정의 6.1.10

$A=\begin{pmatrix} a_{11} & a_{12} \\ a_{21} & a_{22} \end{pmatrix}$이고 k가 실수일 때

$$kA=k\begin{pmatrix} a_{11} & a_{12} \\ a_{21} & a_{22} \end{pmatrix}=\begin{pmatrix} ka_{11} & ka_{12} \\ ka_{21} & ka_{22} \end{pmatrix}$$

이다.

행렬 A가 $m\times n$ 행렬이면, kA도 $m\times n$ 행렬이다.

예제 6.1.11

$A=\begin{pmatrix} 9 & 0 \\ -3 & 6 \end{pmatrix}$일 때, 다음을 구하시오.

(1) $-2A$ (2) $\dfrac{1}{3}A$

풀이

(1) $-2A=-2\begin{pmatrix} 9 & 0 \\ -3 & 6 \end{pmatrix}=\begin{pmatrix} (-2)9 & (-2)0 \\ (-2)(-3) & (-2)6 \end{pmatrix}=\begin{pmatrix} -18 & 0 \\ 6 & -12 \end{pmatrix}$

(2) $\dfrac{1}{3}A=\dfrac{1}{3}\begin{pmatrix} 9 & 0 \\ -3 & 6 \end{pmatrix}=\begin{pmatrix} \frac{1}{3}(9) & \frac{1}{3}(0) \\ \frac{1}{3}(-3) & \frac{1}{3}(6) \end{pmatrix}=\begin{pmatrix} 3 & 0 \\ -1 & 2 \end{pmatrix}$

행렬의 실수배에 대한 정의로부터, 임의의 행렬 A에 대하여 다음이 성립함을 알 수 있다.

(1) $1A=A$ (2) $(-1)A=-A$

(3) $0A=O$ (4) $kO=O$ (단, k는 실수)

정리 6.1.12

같은 꼴의 행렬 A, B와 실수 k, l에 대하여 다음이 성립한다.

(1) 결합법칙 : $k(lA)=(kl)A$

(2) 분배법칙 : $(k+l)A=kA+lA$, $k(A+B)=kA+kB$

예제 6.1.13

$A=\begin{pmatrix} 3 & 1 \\ -2 & 0 \end{pmatrix}$, $B=\begin{pmatrix} 4 & -1 \\ 2 & 1 \end{pmatrix}$일 때, $3(A+2B)-2(2A-B)$를 구하시오.

풀이

$$3(A+2B)-2(2A-B)=3A+6B-4A+2B=-A+8B$$
$$=-\begin{pmatrix} 3 & 1 \\ -2 & 0 \end{pmatrix}+8\begin{pmatrix} 4 & -1 \\ 2 & 1 \end{pmatrix}=\begin{pmatrix} -3 & -1 \\ 2 & 0 \end{pmatrix}+\begin{pmatrix} 32 & -8 \\ 16 & 8 \end{pmatrix}=\begin{pmatrix} 29 & -9 \\ 18 & 8 \end{pmatrix}$$

예제 6.1.14

$A=\begin{pmatrix} -2 & 1 \\ -2 & 3 \end{pmatrix}$, $B=\begin{pmatrix} 4 & 5 \\ 4 & -1 \end{pmatrix}$일 때, $3A+2X=B$를 만족하는 행렬 X를 구하시오.

풀이

$3A+2X=B$에서 $2X=B-3A$이므로

$$X=\frac{1}{2}B-\frac{3}{2}A=\frac{1}{2}\begin{pmatrix} 4 & 5 \\ 4 & -1 \end{pmatrix}-\frac{3}{2}\begin{pmatrix} -2 & 1 \\ -2 & 3 \end{pmatrix}=\begin{pmatrix} 2 & \frac{5}{2} \\ 2 & -\frac{1}{2} \end{pmatrix}-\begin{pmatrix} -3 & \frac{3}{2} \\ -3 & \frac{9}{2} \end{pmatrix}=\begin{pmatrix} 5 & 1 \\ 5 & -5 \end{pmatrix}$$

행렬의 곱셈

행렬 A의 열의 개수와 행렬 B의 행의 개수가 같을 때, 행렬 A의 i행과 행렬 B의 j열의 성분을 차례로 곱하여 더한 값을 (i, j)성분으로 하는 행렬을 행렬 A와 행렬 B의 곱이라 하고, AB로 나타낸다.

행렬 A가 $m\times l$ 행렬, 행렬 B가 $l\times n$ 행렬이면 두 행렬의 곱 AB는 $m\times n$ 행렬이 된다.

정의 6.1.15

$A=\begin{pmatrix} a_{11} & a_{12} \\ a_{21} & a_{22} \end{pmatrix}$, $B=\begin{pmatrix} b_{11} & b_{12} \\ b_{21} & b_{22} \end{pmatrix}$ 일 때,

$$AB=\begin{pmatrix} a_{11} & a_{12} \\ a_{21} & a_{22} \end{pmatrix}\begin{pmatrix} b_{11} & b_{12} \\ b_{21} & b_{22} \end{pmatrix}=\begin{pmatrix} a_{11}b_{11}+a_{12}b_{21} & a_{11}b_{12}+a_{12}b_{22} \\ a_{21}b_{11}+a_{22}b_{21} & a_{21}b_{12}+a_{22}b_{22} \end{pmatrix}$$

이다.

예제 6.1.16

$A=\begin{pmatrix} 2 & 1 & 3 \\ 1 & -1 & 0 \end{pmatrix}$, $B=\begin{pmatrix} 1 & 0 \\ 2 & 1 \\ 3 & 2 \end{pmatrix}$일 때, 다음을 구하시오.

(1) AB (2) BA

풀이

(1) A는 2×3 행렬이고 B는 3×2 행렬이다. 따라서 곱 AB는 정의되고 2×2 행렬이다. 따라서

$$B=\begin{pmatrix} 2 & 1 & 3 \\ 1 & -1 & 0 \end{pmatrix}\begin{pmatrix} 1 & 0 \\ 2 & 1 \\ 3 & 2 \end{pmatrix}=\begin{pmatrix} 2(1)+1(2)+3(3) & 2(0)+1(1)+3(2) \\ 1(1)+(-1)(2)+0(3) & 1(0)+(-1)(1)+0(2) \end{pmatrix}$$
$$=\begin{pmatrix} 13 & 7 \\ -1 & -1 \end{pmatrix}$$

(2) B는 3×2 행렬이고 A는 2×3 행렬이다. 따라서 곱 BA는 정의되고 3×3 행렬이다. 따라서

$$BA=\begin{pmatrix} 1 & 0 \\ 2 & 1 \\ 3 & 2 \end{pmatrix}\begin{pmatrix} 2 & 1 & 3 \\ 1 & -1 & 0 \end{pmatrix}=\begin{pmatrix} 1(2)+0(1) & 1(1)+0(-1) & 1(3)+0(0) \\ 2(2)+1(1) & 2(1)+1(-1) & 2(3)+1(0) \\ 3(2)+2(1) & 3(1)+2(-1) & 3(3)+2(0) \end{pmatrix}$$
$$=\begin{pmatrix} 2 & 1 & 3 \\ 5 & 1 & 6 \\ 8 & 1 & 9 \end{pmatrix}$$

위의 예제에서 AB는 2×2 행렬이고 BA는 3×3 행렬임에 주목하라. AB와 BA가 동시에 정의될 수 있지만 같지는 않다. 실제로 A와 B가 모두 $n\times n$ 행렬일지라도 AB와 BA는 보통 다르다.

예제 6.1.17

$A=\begin{pmatrix} 2 & 1 \\ 0 & 4 \end{pmatrix}$, $B=\begin{pmatrix} -3 & 1 \\ 1 & 2 \end{pmatrix}$일 때, 다음을 구하시오.

(1) AB (2) BA

풀이

(1) $AB=\begin{pmatrix} 2 & 1 \\ 0 & 4 \end{pmatrix}\begin{pmatrix} -3 & 1 \\ 1 & 2 \end{pmatrix}=\begin{pmatrix} -5 & 4 \\ 4 & 8 \end{pmatrix}$

(2) $BA=\begin{pmatrix} -3 & 1 \\ 1 & 2 \end{pmatrix}\begin{pmatrix} 2 & 1 \\ 0 & 4 \end{pmatrix}=\begin{pmatrix} -6 & 1 \\ 2 & 9 \end{pmatrix}$

주의

행렬의 곱셈에서는 다음 사실에 주의해야 한다.

(1) A의 열의 개수와 B의 행의 개수가 같은 경우에만 AB가 정의된다.

(2) AB가 정의되어도 BA가 정의되지 않을 수도 있다.

(3) AB와 BA가 정의되어도 일반적으로 $AB \neq BA$이다.

정리 6.1.18

합과 곱이 정의되는 세 행렬 A, B, C에 대하여 다음이 성립한다.

(1) 결합법칙 : $(AB)C=A(BC)$, $k(AB)=(kA)B=A(kB)$ (단, k는 실수)

(2) 분배법칙 : $A(B+C)=AB+AC$, $(A+B)C=AC+BC$

예제 6.1.19

$A=\begin{pmatrix} 1 & 3 \\ 4 & -2 \end{pmatrix}$, $B=\begin{pmatrix} -3 & -1 \\ 1 & 2 \end{pmatrix}$, $C=\begin{pmatrix} 2 & -1 \\ 3 & 1 \end{pmatrix}$에 대하여 다음 등식이 성립함을 보이시오.

(1) $(AB)C=A(BC)$

(2) $A(B+C)=AB+AC$

풀이

(1) $AB=\begin{pmatrix} 1 & 3 \\ 4 & -2 \end{pmatrix}\begin{pmatrix} -3 & -1 \\ 1 & 2 \end{pmatrix}=\begin{pmatrix} 0 & 5 \\ -14 & -8 \end{pmatrix}$이므로

$(AB)C=\begin{pmatrix} 0 & 5 \\ -14 & -8 \end{pmatrix}\begin{pmatrix} 2 & -1 \\ 3 & 1 \end{pmatrix}=\begin{pmatrix} 15 & 5 \\ -52 & 6 \end{pmatrix}$ 이고,

$BC=\begin{pmatrix} -3 & -1 \\ 1 & 2 \end{pmatrix}\begin{pmatrix} 2 & -1 \\ 3 & 1 \end{pmatrix}=\begin{pmatrix} -9 & 2 \\ 8 & 1 \end{pmatrix}$ 이므로

$A(BC)=\begin{pmatrix} 1 & 3 \\ 4 & -2 \end{pmatrix}\begin{pmatrix} -9 & 2 \\ 8 & 1 \end{pmatrix}=\begin{pmatrix} 15 & 5 \\ -52 & 6 \end{pmatrix}$ 이다.

따라서 $(AB)C=A(BC)$ 이다.

(2) $B+C=\begin{pmatrix} -3 & -1 \\ 1 & 2 \end{pmatrix}+\begin{pmatrix} 2 & -1 \\ 3 & 1 \end{pmatrix}=\begin{pmatrix} -1 & -2 \\ 4 & 3 \end{pmatrix}$ 이므로

$A(B+C)=\begin{pmatrix} 1 & 3 \\ 4 & -2 \end{pmatrix}\begin{pmatrix} -1 & -2 \\ 4 & 3 \end{pmatrix}=\begin{pmatrix} 11 & 7 \\ -12 & -14 \end{pmatrix}$ 이고,

$AB=\begin{pmatrix} 0 & 5 \\ -14 & -8 \end{pmatrix}$, $AC=\begin{pmatrix} 1 & 3 \\ 4 & -2 \end{pmatrix}\begin{pmatrix} 2 & -1 \\ 3 & 1 \end{pmatrix}=\begin{pmatrix} 11 & 2 \\ 2 & -6 \end{pmatrix}$ 이므로

$AB+AC=\begin{pmatrix} 0 & 5 \\ -14 & -8 \end{pmatrix}+\begin{pmatrix} 11 & 2 \\ 2 & -6 \end{pmatrix}=\begin{pmatrix} 11 & 7 \\ -12 & -14 \end{pmatrix}$ 이다.

따라서 $A(B+C)=AB+AC$ 이다.

행렬 A가 정사각행렬일 때 행렬의 거듭제곱을 다음과 같이 나타낸다.

$$A^2=AA,\ A^3=A^2A,\ A^4=A^3A,\ \cdots$$

예제 6.1.20

$A=\begin{pmatrix} 2 & 1 \\ 1 & -1 \end{pmatrix}$ 일 때, A^2과 A^3을 구하시오.

풀이

$A^2=AA=\begin{pmatrix} 2 & 1 \\ 1 & -1 \end{pmatrix}\begin{pmatrix} 2 & 1 \\ 1 & -1 \end{pmatrix}=\begin{pmatrix} 5 & 1 \\ 1 & 2 \end{pmatrix}$

$A^3=A^2A=\begin{pmatrix} 5 & 1 \\ 1 & 2 \end{pmatrix}\begin{pmatrix} 2 & 1 \\ 1 & -1 \end{pmatrix}=\begin{pmatrix} 11 & 4 \\ 4 & -1 \end{pmatrix}$

정의 6.1.21

n차 정사각행렬에 대하여 (i, i)성분 $(1 \le i \le n)$을 대각성분이라 한다.
대각성분이 모두 1이고 나머지 모든 성분이 0인 n차 정사각행렬을 **단위행렬**이라 하고 기호 I 또는 E로 쓴다. 예를 들어

$$\begin{pmatrix} 1 & 0 \\ 0 & 1 \end{pmatrix},\quad \begin{pmatrix} 1 & 0 & 0 \\ 0 & 1 & 0 \\ 0 & 0 & 1 \end{pmatrix}$$

이다.

예제 6.1.22

$A=\begin{pmatrix} 2 & 3 \\ 1 & -1 \end{pmatrix}$, $I=\begin{pmatrix} 1 & 0 \\ 0 & 1 \end{pmatrix}$에 대하여 다음을 구하시오.

(1) AI　　(2) IA　　(3) I^2

풀이

(1) $AI=\begin{pmatrix} 2 & 3 \\ 1 & -1 \end{pmatrix}\begin{pmatrix} 1 & 0 \\ 0 & 1 \end{pmatrix}=\begin{pmatrix} 2 & 3 \\ 1 & -1 \end{pmatrix}$

(2) $IA=\begin{pmatrix} 1 & 0 \\ 0 & 1 \end{pmatrix}\begin{pmatrix} 2 & 3 \\ 1 & -1 \end{pmatrix}=\begin{pmatrix} 2 & 3 \\ 1 & -1 \end{pmatrix}$

(3) $I^2=\begin{pmatrix} 1 & 0 \\ 0 & 1 \end{pmatrix}\begin{pmatrix} 1 & 0 \\ 0 & 1 \end{pmatrix}=\begin{pmatrix} 1 & 0 \\ 0 & 1 \end{pmatrix}$

단위행렬은 정사각행렬에 대해서만 정의된다.

(1) A가 n차 정사각행렬이면, $AI=IA=A$이다. 즉, 단위행렬 I는 행렬의 곱셈에 대한 항등원이다.

(2) 단위행렬의 거듭제곱은 단위행렬이다. 즉, $I^2=I$, $I^3=I$, $\cdots$ 이다.

주의

행렬에서는 실수의 연산과 달리 다음 법칙이 일반적으로 성립하지 않는다.

(1) $AB=O$이면 $A=O$ 또는 $B=O$

(2) $A\neq O$이고 $AB=AC$이면 $B=C$

예제 6.1.23

(1) $A=\begin{pmatrix} -2 & 1 \\ 4 & -2 \end{pmatrix}$, $B=\begin{pmatrix} 1 & -1 \\ 2 & -2 \end{pmatrix}$일 때, AB를 구하시오.

(2) $A=\begin{pmatrix} -2 & -4 \\ 1 & 2 \end{pmatrix}$, $B=\begin{pmatrix} 3 & 4 \\ 7 & -1 \end{pmatrix}$, $C=\begin{pmatrix} 5 & -2 \\ 6 & 2 \end{pmatrix}$일 때, AB와 AC를 구하시오.

풀이

(1) $AB=\begin{pmatrix} -2 & 1 \\ 4 & -2 \end{pmatrix}\begin{pmatrix} 1 & -1 \\ 2 & -2 \end{pmatrix}=\begin{pmatrix} 0 & 0 \\ 0 & 0 \end{pmatrix}$

이 경우, $A\neq O$이고 $B\neq O$이지만 $AB=O$이다.

(2) $AB=\begin{pmatrix} -2 & -4 \\ 1 & 2 \end{pmatrix}\begin{pmatrix} 3 & 4 \\ 7 & -1 \end{pmatrix}=\begin{pmatrix} -34 & -4 \\ 17 & 2 \end{pmatrix}$

$$AC=\begin{pmatrix} -2 & -4 \\ 1 & 2 \end{pmatrix}\begin{pmatrix} 5 & -2 \\ 6 & 2 \end{pmatrix}=\begin{pmatrix} -34 & -4 \\ 17 & 2 \end{pmatrix}$$

이 경우, $A \neq O$이고 $AB=AC$이지만 $B \neq C$이다.

주의

A, B가 같은 꼴의 정사각행렬일 때, 다음 법칙이 일반적으로 성립하지 않는다.

(1) $(A+B)^2 = A^2+2AB+B^2$, $(A-B)^2 = A^2-2AB+B^2$

(2) $(A-B)(A+B) = A^2-B^2$

(3) $(AB)^2 = A^2B^2$

연습문제 6.1

1. 다음 행렬의 합을 구하시오.

(1) $\begin{pmatrix} -2 \\ 4 \end{pmatrix}+\begin{pmatrix} 3 \\ -7 \end{pmatrix}$

(2) $\begin{pmatrix} -1 & 2 & 0 \\ 0 & 1 & 3 \end{pmatrix}+\begin{pmatrix} 1 & 5 & -3 \\ 4 & 5 & 2 \end{pmatrix}$

2. $A=\begin{pmatrix} 2 & 1 \\ 4 & -3 \end{pmatrix}$, $B=\begin{pmatrix} 3 & -1 \\ -6 & 8 \end{pmatrix}$, $C=\begin{pmatrix} 2 & -4 \\ 3 & 5 \end{pmatrix}$ 일 때, 다음을 구하시오.
(단, O는 영행렬이다.)

(1) $A-O$

(2) $-(-B)$

(3) $A-(B-C)$

(4) $\frac{1}{2}(A+2B-4C)$

3. 두 행렬 $A=\begin{pmatrix} 2a-b & 7 \\ 3a-4 & c+d \end{pmatrix}$, $B=\begin{pmatrix} 1 & b+c \\ 2 & 3 \end{pmatrix}$에 대하여 $A=B$가 성립할 때 상수 a, b, c, d의 값을 구하시오.

4. 세 행렬 $A=\begin{pmatrix} 2 & 1 \\ 0 & 1 \end{pmatrix}$, $B=\begin{pmatrix} 1 & 0 \\ 3 & 2 \end{pmatrix}$, $C=\begin{pmatrix} -1 & -2 \\ 9 & 4 \end{pmatrix}$에 대하여 $xA+yB=C$를 만족하는 실수 x, y를 구하시오.

5. 다음 행렬의 곱셈을 구하시오.

(1) $\begin{pmatrix} 2 & -1 \end{pmatrix}\begin{pmatrix} 5 \\ 3 \end{pmatrix}$

(2) $\begin{pmatrix} 2 \\ 4 \\ 6 \end{pmatrix}\begin{pmatrix} 1 & 3 & 4 \end{pmatrix}$

(3) $\begin{pmatrix} -3 & 1 \end{pmatrix}\begin{pmatrix} -2 & 5 \\ 4 & 1 \end{pmatrix}$

(4) $\begin{pmatrix} 0 & -3 \\ 1 & 2 \end{pmatrix}\begin{pmatrix} 5 \\ 4 \end{pmatrix}$

6. 두 행렬 $A=\begin{pmatrix} 1 & -1 \\ -1 & -1 \end{pmatrix}$, $B=\begin{pmatrix} 1 & 1 \\ -1 & 0 \end{pmatrix}$에 대하여 $AB-3A$를 구하시오.

7. 두 행렬 $A=\begin{pmatrix} 1 & 1 \\ a & b \end{pmatrix}$, $B=\begin{pmatrix} 1 & 2 \\ 2 & 3 \end{pmatrix}$에 대하여 $AB=BA$가 성립할 때, $a+b$의 값을 구하시오.

6.2 행렬식과 역행렬

행렬식

행렬식은 정사각행렬에 실수를 대응시키는 함수로, 연립방정식에서는 해의 존재성이나 역행렬의 존재성과 관련된 중요한 개념이다. 정사각행렬 A의 행렬식은 $\det(A)$ 또는 $|A|$로 나타낸다.

정의 6.2.1

2차 정사각행렬 $A=\begin{pmatrix} a & b \\ c & d \end{pmatrix}$의 **행렬식**은

$$\det(A)=|A|=\begin{vmatrix} a & b \\ c & d \end{vmatrix}=ad-bc$$

이다.

주의

A의 행렬식 $|A|$은 절댓값과 구분하도록 한다.

예제 6.2.2

$$\begin{vmatrix} 3 & -2 \\ 6 & 1 \end{vmatrix}=3(1)-6(-2)=3-(-12)=15$$

정의 6.2.3

(1) 소행렬식 : A가 n차 정사각행렬일 때, a_{ij}의 **소행렬식**은 A에서 i행과 j열을 제거시킨 $(n-1)$차 정사각행렬의 행렬식이고, 이를 M_{ij}로 나타낸다.

(2) 여인수 : $A_{ij}=(-1)^{i+j}M_{ij}$를 a_{ij}의 **여인수**라 한다.

행렬 $A=\begin{pmatrix} a_{11} & a_{12} & a_{13} \\ a_{21} & a_{22} & a_{23} \\ a_{31} & a_{32} & a_{33} \end{pmatrix}$의 소행렬식을 예로 들면 다음과 같다.

(1) M_{11} : A에서 1행과 1열을 없앤 행렬의 행렬식이므로

$$M_{11}=\begin{vmatrix} a_{22} & a_{23} \\ a_{32} & a_{33} \end{vmatrix}=a_{22}a_{33}-a_{23}a_{32}$$

(2) M_{12} : A에서 1행과 2열을 없앤 행렬의 행렬식이므로

$$M_{12} = \begin{vmatrix} a_{21} & a_{23} \\ a_{31} & a_{33} \end{vmatrix} = a_{21}a_{33} - a_{23}a_{31}$$

(3) M_{13} : A에서 1행과 3열을 없앤 행렬의 행렬식이므로

$$M_{13} = \begin{vmatrix} a_{21} & a_{22} \\ a_{31} & a_{32} \end{vmatrix} = a_{21}a_{32} - a_{22}a_{31}$$

여인수 $A_{ij} = (-1)^{i+j}M_{ij}$ 에서 $i+j$가 짝수이면 $(-1)^{i+j} = 1$이고, $i+j$가 홀수이면 $(-1)^{i+j} = -1$이다.

행렬식의 값을 구하기 위하여 $a_{ij}A_{ij}$ 들을 더하면 된다.

정의 6.2.4

3차 정사각행렬 $A = \begin{pmatrix} a_{11} & a_{12} & a_{13} \\ a_{21} & a_{22} & a_{23} \\ a_{31} & a_{32} & a_{33} \end{pmatrix}$의 행렬식 $|A|$는

$$|A| = a_{11}A_{11} + a_{12}A_{12} + a_{13}A_{13}$$

이다. 이 식을 행렬식에 대한 **1행에 관한 여인수 전개**라고 한다.

예제 6.2.5

$A = \begin{pmatrix} a_{11} & a_{12} & a_{13} \\ a_{21} & a_{22} & a_{23} \\ a_{31} & a_{32} & a_{33} \end{pmatrix}$의 행렬식 $|A|$는

$$|A| = a_{11}a_{22}a_{33} + a_{12}a_{23}a_{31} + a_{13}a_{21}a_{32} - a_{13}a_{22}a_{31} - a_{12}a_{21}a_{33} - a_{11}a_{23}a_{32}$$

임을 보이시오.

풀이

$$\begin{aligned} |A| &= \begin{vmatrix} a_{11} & a_{12} & a_{13} \\ a_{21} & a_{22} & a_{23} \\ a_{31} & a_{32} & a_{33} \end{vmatrix} = a_{11}A_{11} + a_{12}A_{12} + a_{13}A_{13} \\ &= a_{11}\begin{vmatrix} a_{22} & a_{23} \\ a_{32} & a_{33} \end{vmatrix} - a_{12}\begin{vmatrix} a_{21} & a_{23} \\ a_{31} & a_{33} \end{vmatrix} + a_{13}\begin{vmatrix} a_{21} & a_{22} \\ a_{31} & a_{32} \end{vmatrix} \\ &= a_{11}(a_{22}a_{33} - a_{23}a_{32}) - a_{12}(a_{21}a_{33} - a_{23}a_{31}) + a_{13}(a_{21}a_{32} - a_{22}a_{31}) \\ &= a_{11}a_{22}a_{33} + a_{12}a_{23}a_{31} + a_{13}a_{21}a_{32} - a_{13}a_{22}a_{31} - a_{12}a_{21}a_{33} - a_{11}a_{23}a_{32} \end{aligned}$$

위에서 행렬식은 1행의 성분과 여인수를 이용하여 정의하였다. 그러나 임의의 행과 열에서 여인수 전개를 해도 행렬식의 값은 같다. 즉, 다음이 성립한다.

(1) $|A| = \sum_{j=1}^{3} a_{1j}A_{1j} = \sum_{j=1}^{3} a_{2j}A_{2j} = \sum_{j=1}^{3} a_{3j}A_{3j}$

예를 들어, 3행에 관한 여인수 전개는

$$\begin{vmatrix} a_{11} & a_{12} & a_{13} \\ a_{21} & a_{22} & a_{23} \\ a_{31} & a_{32} & a_{33} \end{vmatrix} = a_{31}\begin{vmatrix} a_{12} & a_{13} \\ a_{22} & a_{23} \end{vmatrix} - a_{32}\begin{vmatrix} a_{11} & a_{13} \\ a_{21} & a_{23} \end{vmatrix} + a_{33}\begin{vmatrix} a_{11} & a_{12} \\ a_{21} & a_{22} \end{vmatrix}$$

이다.

(2) $|A| = \sum_{i=1}^{3} a_{i1}A_{i1} = \sum_{i=1}^{3} a_{i2}A_{i2} = \sum_{i=1}^{3} a_{i3}A_{i3}$

예를 들어, 2열에 관한 여인수 전개는

$$\begin{vmatrix} a_{11} & a_{12} & a_{13} \\ a_{21} & a_{22} & a_{23} \\ a_{31} & a_{32} & a_{33} \end{vmatrix} = -a_{12}\begin{vmatrix} a_{21} & a_{23} \\ a_{31} & a_{33} \end{vmatrix} + a_{22}\begin{vmatrix} a_{11} & a_{13} \\ a_{31} & a_{33} \end{vmatrix} - a_{32}\begin{vmatrix} a_{11} & a_{13} \\ a_{21} & a_{23} \end{vmatrix}$$

이다.

이 사실로부터 0이 많은 행이나 열을 선택하면 행렬식을 계산할 때 계산량이 줄어든다는 것을 알 수 있다.

예제 6.2.6

다음 행렬식을 계산하시오.

(1) $\begin{vmatrix} 3 & 4 & -1 \\ 4 & 6 & 2 \\ 8 & -2 & 3 \end{vmatrix}$ (2) $\begin{vmatrix} 2 & 0 & -3 \\ 1 & 0 & 5 \\ -3 & 4 & 7 \end{vmatrix}$

풀이

(1) 1행에 관한 여인수 전개를 하면

$$\begin{aligned} \begin{vmatrix} 3 & 4 & -1 \\ 4 & 6 & 2 \\ 8 & -2 & 3 \end{vmatrix} &= a_{11}A_{11} + a_{12}A_{12} + a_{13}A_{13} \\ &= a_{11}(-1)^{1+1}M_{11} + a_{12}(-1)^{1+2}M_{12} + a_{13}(-1)^{1+3}M_{13} \\ &= 3\begin{vmatrix} 6 & 2 \\ -2 & 3 \end{vmatrix} - 4\begin{vmatrix} 4 & 2 \\ 8 & 3 \end{vmatrix} + (-1)\begin{vmatrix} 4 & 6 \\ 8 & -2 \end{vmatrix} \\ &= 3(18+4) - 4(12-16) - (-8-48) \\ &= 138 \end{aligned}$$

(2) 2열에 관한 여인수 전개를 하면

$$\begin{vmatrix} 2 & 0 & -3 \\ 1 & 0 & 5 \\ -3 & 4 & 7 \end{vmatrix} = a_{12}A_{12} + a_{22}A_{22} + a_{32}A_{32}$$
$$= a_{12}(-1)^{1+2}M_{12} + a_{22}(-1)^{2+2}M_{22} + a_{32}(-1)^{3+2}M_{32}$$
$$= -0\begin{vmatrix} 1 & 5 \\ -3 & 7 \end{vmatrix} + 0\begin{vmatrix} 2 & -3 \\ -3 & 7 \end{vmatrix} - 4\begin{vmatrix} 2 & -3 \\ 1 & 5 \end{vmatrix}$$
$$= -4(10+3)$$
$$= -52$$

역행렬

정의 6.2.7
n차 정사각행렬 A에 대하여

$$AB = BA = I$$

를 만족하는 n차 정사각행렬 B가 존재하면 B를 A의 **역행렬**이라 하고, A^{-1}로 나타낸다. 즉,

$$AA^{-1} = A^{-1}A = I$$

이다.

A의 역행렬이 존재하면 A는 정칙행렬이라 하고, 만약 A가 역행렬을 갖지 않으면 A를 특이행렬이라 한다.

예제 6.2.8

$A = \begin{pmatrix} 3 & 1 \\ 2 & 1 \end{pmatrix}$의 역행렬은 $A^{-1} = \begin{pmatrix} 1 & -1 \\ -2 & 3 \end{pmatrix}$임을 증명하시오.

풀이

$$AA^{-1} = \begin{pmatrix} 3 & 1 \\ 2 & 1 \end{pmatrix}\begin{pmatrix} 1 & -1 \\ -2 & 3 \end{pmatrix} = \begin{pmatrix} 1 & 0 \\ 0 & 1 \end{pmatrix} = I$$

$$A^{-1}A = \begin{pmatrix} 1 & -1 \\ -2 & 3 \end{pmatrix}\begin{pmatrix} 3 & 1 \\ 2 & 1 \end{pmatrix} = \begin{pmatrix} 1 & 0 \\ 0 & 1 \end{pmatrix} = I$$

이므로 A^{-1}는 A의 역행렬이고, A는 A^{-1}의 역행렬이다.

정리 6.2.9

$A=\begin{pmatrix} a & b \\ c & d \end{pmatrix}$에 대하여

(1) $ad-bc \neq 0$일 때, A의 역행렬 A^{-1}가 존재하고

$$A^{-1}=\frac{1}{ad-bc}\begin{pmatrix} d & -b \\ -c & a \end{pmatrix}$$

이다.

(2) $ad-bc=0$ 이면 A의 역행렬이 존재하지 않는다.

증명

A가 역행렬을 가질 때 $A^{-1}=\begin{pmatrix} x & y \\ z & w \end{pmatrix}$로 두면 역행렬의 정의에 의해

$$AA^{-1}=\begin{pmatrix} a & b \\ c & d \end{pmatrix}\begin{pmatrix} x & y \\ z & w \end{pmatrix}=\begin{pmatrix} ax+bz & ay+bw \\ cx+dz & cy+dw \end{pmatrix}=\begin{pmatrix} 1 & 0 \\ 0 & 1 \end{pmatrix}$$

이다. 따라서 행렬이 서로 같을 조건에 의해

$$ax+bz=1, \quad ay+bw=0, \quad cx+dz=0, \quad cy+dw=1$$

이고, 이 연립방정식을 풀면

$$x=\frac{d}{ad-bc}, \; y=\frac{-b}{ad-bc}, \; z=\frac{-c}{ad-bc}, \; w=\frac{a}{ad-bc}$$

이다. 따라서

(1) $ad-bc \neq 0$ 일 때

$$A^{-1}=\begin{pmatrix} x & y \\ z & w \end{pmatrix}=\begin{pmatrix} \dfrac{d}{ad-bc} & \dfrac{-b}{ad-bc} \\ \dfrac{-c}{ad-bc} & \dfrac{a}{ad-bc} \end{pmatrix}=\frac{1}{ad-bc}\begin{pmatrix} d & -b \\ -c & a \end{pmatrix}$$

(2) $ad-bc=0$ 이면 A의 역행렬이 존재하지 않는다.

예제 6.2.10

다음 행렬의 역행렬이 존재하는지 확인하고 (만약 존재한다면) 역행렬을 구하시오.

(1) $A=\begin{pmatrix} 4 & 1 \\ 6 & 2 \end{pmatrix}$　　(2) $B=\begin{pmatrix} 4 & 6 \\ 2 & 3 \end{pmatrix}$

풀이

(1) $ad-bc=4(2)-1(6)=2 \neq 0$ 이므로 역행렬이 존재하고

$$A^{-1}=\frac{1}{ad-bc}\begin{pmatrix} d & -b \\ -c & a \end{pmatrix}=\frac{1}{2}\begin{pmatrix} 2 & -1 \\ -6 & 4 \end{pmatrix}=\begin{pmatrix} 1 & -\frac{1}{2} \\ -3 & 2 \end{pmatrix}$$

이다.

(2) $ad-bc=4(3)-6(2)=0$ 이므로 역행렬이 존재하지 않는다.

여인수를 이용하여 역행렬을 구할 수 있다.

A가 n차 정사각행렬일 때 $|A|\neq 0$이라고 하자. $n=2, 3$일 때 A^{-1}은 다음과 같다.

(1) $A=\begin{pmatrix} a & b \\ c & d \end{pmatrix}$이고 $|A|=ad-bc\neq 0$ 일 때

$$A^{-1}=\frac{1}{|A|}\begin{pmatrix} A_{11} & A_{21} \\ A_{12} & A_{22} \end{pmatrix}=\frac{1}{ad-bc}\begin{pmatrix} d & -b \\ -c & a \end{pmatrix}$$

이다.

(2) $A=\begin{pmatrix} a_{11} & a_{12} & a_{13} \\ a_{21} & a_{22} & a_{23} \\ a_{31} & a_{32} & a_{33} \end{pmatrix}$이고 $|A|\neq 0$일 때

$$A^{-1}=\frac{1}{|A|}\begin{pmatrix} A_{11} & A_{21} & A_{31} \\ A_{12} & A_{22} & A_{32} \\ A_{13} & A_{23} & A_{33} \end{pmatrix}$$

이다.

정의 6.2.11

A가 n차 정사각행렬이라고 하자. $|A|\neq 0$이면 A^{-1}은

$$A^{-1}=\frac{1}{|A|}(A_{ij})^T$$

이다. 여기서 $(A_{ij})^T$은 **수반행렬**이라 하고, A의 각 성분을 여인수로 대치한 다음 행과 열을 바꾸어 준 행렬이다.

예제 6.2.12

$A=\begin{pmatrix} 3 & 2 & -1 \\ 1 & 6 & 3 \\ 2 & -4 & 0 \end{pmatrix}$가 역행렬을 갖는지 확인하고 (만약 갖는다면) 역행렬을 구하시오.

풀이

$|A|=64$이므로 A^{-1}이 존재한다. 역행렬을 구하기 위해 여인수를 계산하면 다음

과 같다.

$$\begin{array}{lll} A_{11}=12, & A_{12}=6, & A_{13}=-16 \\ A_{21}=4, & A_{22}=2, & A_{23}=16 \\ A_{31}=12, & A_{32}=-10, & A_{33}=16 \end{array}$$

따라서

$$A^{-1}=\frac{1}{|A|}\begin{pmatrix} A_{11} & A_{21} & A_{31} \\ A_{12} & A_{22} & A_{32} \\ A_{13} & A_{23} & A_{33} \end{pmatrix}=\frac{1}{64}\begin{pmatrix} 12 & 4 & 12 \\ 6 & 2 & -10 \\ -16 & 16 & 16 \end{pmatrix}$$

이다.

연립방정식의 해

아래의 왼쪽에 주어진 선형연립방정식을 행렬의 곱으로 표현하면 오른쪽에 주어진 형태로 표현된다.

$$\begin{cases} a_{11}x_1+a_{12}x_2+\cdots+a_{1n}x_n=b_1 \\ a_{21}x_1+a_{22}x_2+\cdots+a_{2n}x_n=b_2 \\ \vdots \qquad \vdots \qquad \qquad \vdots \quad \vdots \\ a_{m1}x_1+a_{m2}x_2+\cdots+a_{mn}x_n=b_m \end{cases} \Rightarrow \begin{pmatrix} a_{11} & a_{12} & \cdots & a_{1n} \\ a_{21} & a_{22} & \cdots & a_{2n} \\ \vdots & \vdots & & \vdots \\ a_{m1} & a_{m2} & \cdots & a_{mn} \end{pmatrix}\begin{pmatrix} x_1 \\ x_2 \\ \vdots \\ x_n \end{pmatrix}=\begin{pmatrix} b_1 \\ b_2 \\ \vdots \\ b_m \end{pmatrix}$$

즉, $AX=B$이다. 단, $A=\begin{pmatrix} a_{11} & a_{12} & \cdots & a_{1n} \\ a_{21} & a_{22} & \cdots & a_{2n} \\ \vdots & \vdots & & \vdots \\ a_{m1} & a_{m2} & \cdots & a_{mn} \end{pmatrix}$, $X=\begin{pmatrix} x_1 \\ x_2 \\ \vdots \\ x_n \end{pmatrix}$, $B=\begin{pmatrix} b_1 \\ b_2 \\ \vdots \\ b_m \end{pmatrix}$ 이다.

정리 6.2.13

행렬 A가 n차 정사각행렬이고 역행렬 A^{-1}을 가지면 선형연립방정식 $AX=B$의 해는 $X=A^{-1}B$ 이다.

증명

행렬 A가 역행렬을 가지므로 $AX=B$의 양변에 A^{-1}을 곱하면 $AX=B$의 해를 얻을 수 있다. 즉,

$$AX=B \ \Rightarrow \ A^{-1}AX=A^{-1}B \ \Rightarrow \ IX=A^{-1}B \ \Rightarrow \ X=A^{-1}B$$

예제 6.2.14

다음 연립방정식을 푸시오.

$$\begin{cases} 2x-3y=8 \\ -x+2y=4 \end{cases}$$

풀이

연립방정식을 행렬로 나타내면 $\begin{pmatrix} 2 & -3 \\ -1 & 2 \end{pmatrix}\begin{pmatrix} x \\ y \end{pmatrix}=\begin{pmatrix} 8 \\ 4 \end{pmatrix}$ 이므로

$$\begin{pmatrix} x \\ y \end{pmatrix}=\begin{pmatrix} 2 & -3 \\ -1 & 2 \end{pmatrix}^{-1}\begin{pmatrix} 8 \\ 4 \end{pmatrix}=\frac{1}{1}\begin{pmatrix} 2 & 3 \\ 1 & 2 \end{pmatrix}\begin{pmatrix} 8 \\ 4 \end{pmatrix}=\begin{pmatrix} 28 \\ 16 \end{pmatrix}$$

연습문제 6.2

1. 다음 행렬식의 값을 구하시오.

(1) $\begin{vmatrix} -2 & 9 \\ 5 & 3 \end{vmatrix}$ (2) $\begin{vmatrix} 4 & 2 \\ 2 & -3 \end{vmatrix}$

(3) $\begin{vmatrix} 2 & 1 & -3 \\ 1 & 2 & -5 \\ -3 & 6 & 7 \end{vmatrix}$ (4) $\begin{vmatrix} -4 & 2 & -6 \\ 1 & 5 & 1 \\ -3 & 2 & 0 \end{vmatrix}$

2. 행렬 $A=\begin{pmatrix} x & 3 \\ 4 & x-4 \end{pmatrix}$의 역행렬이 존재하지 않을 때, x의 값을 구하시오.

3. 행렬 $A=\begin{pmatrix} x & 1 \\ y & 1 \end{pmatrix}$가 $A=A^{-1}$를 만족할 때 상수 x, y의 값을 구하시오.

4. 두 행렬 $A=\begin{pmatrix} 2 & 4 \\ 1 & 3 \end{pmatrix}$, $B=\begin{pmatrix} 4 & 2 \\ 2 & 0 \end{pmatrix}$에 대하여 역행렬을 이용하여 다음 식을 만족하는 행렬 X를 구하시오.

(1) $AX=B$ (2) $XA=B$

5. 행렬 $A=\begin{pmatrix} 1 & -1 & 1 \\ 0 & -2 & 1 \\ -2 & -3 & 0 \end{pmatrix}$의 역행렬을 구하시오.

6. 역행렬을 이용하여 다음 연립방정식의 해를 구하시오.

(1) $\begin{cases} x-y=5 \\ -x+2y=4 \end{cases}$ (2) $\begin{cases} 3x+y=2 \\ -x+3y=7 \end{cases}$

찾아보기

대학생을 위한 기본수학

지은이 원광대학교 수학교재편찬위원회
펴낸이 조경희
펴낸곳 경문사
펴낸날 2023년 3월 2일 1판 1쇄
등 록 1979년 11월 9일 제1979-000023호
주 소 04057, 서울특별시 마포구 와우산로 174
전 화 (02)332-2004 팩스 (02)336-5193
이메일 kyungmoon@kyungmoon.com

값 15,000원

ISBN 979-11-6073-602-1